空飛ぶ円盤と超科学

村《むら》田《た》正《まさ》雄《お》

白光出版

序文

五井昌久

著者の村田正雄氏は、神霊の世界を自由に行動できる数少い霊能者の一人である。すでに霊界通信に関する著書が数冊あるが、いずれも興味深い読物である。

空飛ぶ円盤の本は、アダムスキーを筆頭にかなり多く出版されているが、真実の話か霊的物語かきめかねる本ばかりである。それはあまりにも、現代の常識を離れすぎた物語だからである。

村田氏のこの著書は、もう十数年以前に書かれたものであるが、やはりあまり現実ばなれしているので、出版するのを今日まで延ばしていたものなのである。しかしそのままにしておくには惜しすぎる、興味津々たる物語なので、編集部のほうで、このへんで出版してみたら、と村田氏に話しかけ、今日、出版の運びとなったものなのである。

この本では、宇宙人の姿形や、円盤についての構造その他、さまざまな地球人間には想像もできない事柄が次々と書かれていて、SF小説として読んでも、次の頁が待ち遠しいほど、心をひっぱりこまれてゆく。著者はこの本は、著者が肉体で経験したことではなく、霊体で経験したことを書いている、といっているが、肉体の経験にしろ霊体の経験にしろ、実に面白い興味深い物語であることには変りがない。

今日まで出版されている、空飛ぶ円盤の話とはまた別に、円盤研究家の参考になるところが、多々あるのではないかと思われる。

なんにしても、空飛ぶ円盤を目撃した人が世界各国にある今日、宇宙人の存在を簡単に否定することはできない。私たちはすでに、長年にわたって、宇宙人、宇宙人というより神々といってもいい程の高級な霊人との交流をなしつづけて、科学の研究をしているのだが、村田氏のこの著書は、得難い著書であると思って、読んだものである。

現実世界の眼に見え、手に触れる事柄のみに想いを把われている人々も、是非一読して、この宇宙には種々様々な事件事柄があるのだ、ということを改めて、認識していただきたいと願うものなのである。

昭和四十九年四月

まえがき

　私が空飛ぶ円盤の記事を書かしていただく前後の事情を申上げて、皆様のご参考にしていただきたいと思います。初めてアダムスキーの宇宙人との会見記を友人から借りて、三十頁くらい読んでいる内に少々眠たくなり、そのまま仮睡してしまいました。どれだけたったかわかりません。ふと気がつくと、夢の中に一人の西洋婦人が現われました。黒いドレスに黒いボンネットをかぶっております。歳の頃なら六十才ぐらいの方のように思えました。真昼の太陽が燦々と照り輝く時でした。その婦人は私の前にすべるように近づいてまいりました。顔かたちがよく整って、透明のような波動をただよわせているのをいち早く私は感じ取りました。

　彼女の目を見ますと、底知れぬ叡智が秘められているのではないかと思えるのでありました。その素晴らしい知性のひらめきの中に、いい知れぬ温みがただよい、なんともいえぬ親しさを真先に感じ取っておりました。一歩二歩と近づいて来て、もうあと三歩ぐらいで私の真前という処で止りました。そのとき彼女の口からすべるように言葉が流れ出たのでありました。

「あなたはこのご本をお読みになられるのは初めてでしょ」

「…………」

私は無言の内に大きくうなづいて見せました。

「大変参考になりますよ。心してお読み下さい」

「はい有難うございます」と素直に御礼の言葉が飛び出しましたが、そのあとやや間を置いて、なんという方だろうかと思えて来たので、私は咄嗟に、

「あなたのお名前は？…………」と尋ねました。すると打てばひびくように答えが返って来ました。

「ロジアム・ゼームス」

婦人は親しみのあるまなざしで私を見つめながら、次第に遠ざかって、私の視界から消えてしまいました。その間、現世の時間は五分ぐらいの極めて短い一時《ひととき》であったと思われます。

私は夢の中での出来事があまり不思議に思えますので、あり合せのメモに大略を書き置いたまま、また再び読み続けました。読み耽る内に、只今の仮眠中の出来事をすっかり忘れてしまい、メモをはさんだまま、その本を友人に返しました。幾日かのあと、友人がそのメモを見て不思議に思い、わが師五井先生に私の仮眠中に起った出来事を尋ねた時、五井先生は「村田さんの指導霊が現われて、それを告げたのですよ」と教えて下さったそうです。そのことは大部あとになって、友人の説明で夢の出来事の内容を知ったのでありました。

それから間もなく大空を飛翔《しょう》する円盤の姿をよく見受けるようになりました。円盤は実在するとの確信が深まって来たのでありました。ある時、聖ヶ丘の上空に無数の円盤の群を発見しました。誰に話しても本当にする人はありませんでしたが、私の心の中にますます確信が深められてゆくの

であります。ある時、数人の友人と共にお祈りに出掛けますと、円盤の接近するのを逸速く感じた私は、この事実をカメラに納めてみたいと思いました。その時私の手許にかなり優秀なカメラがあったので、無意識の内に円盤に向ってシャッターを押しました。そして私の心の中に、今のは確かに撮れているに相違ないという確信がありました。それから一時間程経過した時、再び円盤が現われ、いろいろな角度から接近して来ました。それらはみな中型の円盤であり、単機のものも、また三機ぐらい雁行するように飛び去るのも見受けられ、写真は十数枚も撮ったと思います。友人は早速焼きましたが、その土地の状景はよく撮れておりますが、目ざす円盤の姿が一つもうつっておりません。

私はこの時程大きな失意を感じたことはありませんでした。確信をもってシャッターを切ったのですから。協力してくれた友人の目には円盤の姿は見えませんのですが、その実在をカメラを通して証明しようとした私の努力と計画は見事に失敗してしまいました。その際、私は実在する円盤は微妙な波動のもので、普通の肉眼で見ることはなかなかむずかしいものであると思いました。

それで円盤の実態を皆さんに知ってほしいという想いは、一度断念してしまいました。それにしても不思議な存在です。あのような尨大な実体が、なんの音響もなく、四囲に影響も与えずに垂直に下降するかと思えば、大地の一端に接近して安定静止する姿を見られたら、誰もがその不思議さに驚きの眼を見はらずにはおられないものと思いました。

その時ちょっとおかしな気が致しました。それは私の目や頭が狂っているのか、他の人たちの頭がおかしいのかどちらかに相違ない。波動の違いということを五井先生から教えられておりましたが、このように目を見はるような輝かしき実在を立証することが出来ないために、全否定されているのが情け無くなってしまいました。そのことを五井先生にお話し申上げますと「あなたの見ているように、円盤は実在しておりますが、今はそれを立証出来る時機ではない、やがて今やっている宇宙科学が解明する」と教えていただきました。

五井先生にそう教えられた私は、誰一人理解してくれる人がなくとも、百万の味方を得た以上の力強さと尊さを感じておりました。それから円盤のことは余り気にも止めずに幾日かが過ぎました。相も変らず聖ヶ丘上空は絶えず円盤が飛んでいるのを見かけました。私は聖ヶ丘は素晴らしき聖なる地であるので、その上空によく姿を現わすのだと思っていました。

或る時、東京の国電の有楽町駅から銀座四丁目の大通りを多勢の人たちと青信号なので渡ろうとした時、ちょうど中程迄行きまして、何気なく仰いだ空はかなりよごれておりましたが、晴天でありました。そのとき上空を右から左へ一機の円盤が姿を現わしながら飛び去ってゆくのを目撃した私は、円盤は地球の各地どこでも飛んでいるのだということを痛感致しました。

それから円盤は垂直上昇や下降が出来、また直角に飛行方向を変更することを出来ることや、私たちの五感の感覚では捕えることの出来ない微妙な波動を持った生き物的な物体であることや、五感に感ずる粗い波動に変えると私たちの肉眼でも捕えられる現われ方も出来る。円盤自体は他の天体からやって来た宇宙人たちの手や足の如く働いている霊妙微妙なる生ける物体であることなど教えられておりましたので、アダムスキーやその他の円盤の記事が多く出ていても、別になんの不思議さも感じませんでした。しかし一日も早くその実態を知ることが出来たらよいがと思えるのでありますが、私たちの肉の身の智恵や力では如何ともすることの出来ぬ、偉大なある力が働いているのであろうと考えられるのでありました。

それから二ヶ月ばかり何事もなく過ぎゆきました。私たちは五井先生のご指導のもとに世界平和のお祈りを続けてゆきます内に、瞑想統一中に宇宙人との出会いや円盤の接近する光景が多くなってまいりました。それは円盤や宇宙人に向ってコンタクトしようとしてお祈りするのでなく、ただ一生懸命に世界人類の平和をお祈りする中から、極めて自然に起ってくることであって、お祈りに入る前に宇宙人のことも円盤のことも、少しも頭になく、ただただ無心にお祈りをなしつづけてゆくうちに、現われてくる現象であり、人為的に意識して統一に入ることはありませんでした。だがたまには、今日の統一には前回の続きを教えられるのではないか、と期待する時も再三ありましたが、そう期待して統一に入った場合は一〇〇%といってよい程宇宙人や円盤に関すること教えられたり、見聞することがありませんでした。

こうしたことを何回も重ねてゆく内に、円盤とは私たちが初めに考えていたようなものでなく、ものすごく高度の科学を持った他の天体から飛んで来た生ける物体であるということ、それとこの円盤を媒体として素晴らしく進歩した他の天体から、大変に遅れている地球世界の開発、進化の使命を帯びて、多くの宇宙人が見守り続けながら、地球人類の一日も早く目覚めることを念願して、私たちの肉の眼の届かぬ世界で、一生懸命援助の手助けをして下さっているのではないか、と思えるようになってまいりました。

私も初めの内は今迄の円盤の記事の如く、地球上の物体となんら変ることのない、一個の優れた機器とのみ考えていたこと、また地球上の大部分の人たちが考えている、固体、物体の円盤と思いこんでいたことが、大きな間違いであることがわかりました。

それは素晴らしい科学の極致とでも申しますか、私たちの想像を絶する科学が充満しております。というのは私たちの肉体は計り知れない高度の科学的な機器や精密部品で組立てられた一個の完成品であると申されましょう。その肉の身の器に人間精神が入りますと、一個の人間として働きます。一個の物体とは考えられません。私たちの人体の如く、素晴らしき科学の機器や精密な部品と部品を組合せて形成されている円盤を見て、どうしても一個の物体として考えることは出来ませんでした。それで私は生ける物体としての円盤の実態を出来るだけ詳しく書き綴って見たい衝動にかられてしまいました。

そして、円盤とは私たちの考えているような、波動の粗い世界の物体でなく、高次元世界の科学が生んだ生ける物体だと考えられるようになってしまいました。

高次元の科学のことについて、私はどのように説明して皆さんにご理解していただこうかと考えてみましたが、それにあてはまる適切なる言葉がございません。現代科学でも肉体人間の可視出来る範囲はその波長で表現しますと、最大と最少の中間点だけで、可視の範囲は狭いものです。実在はしていても、最大と最少は私たちの肉眼では捕えることが出来ません。普通私たちが実在しているると見るのは、その内の全部でないことは現代科学でも証明しております。磁気や電波、電磁波のように肉眼では捕えることは出来得ないがこれらの働きを利用して人類は多くの働きを創り出しております。

このように現代科学の数等倍、いな、どれだけ進歩しているかわからないほど進んだ科学のことを、私は仮に超（霊）科学と申上げてみたいと思いました。これは適当でないかも知れませんが、そのように表現することに致しました。

円盤をただの物質的な機器として見、または受け止めては、いつ迄たっても円盤や宇宙人の真実の姿を理解することも、知り得ることも出来ないものと思います。円盤は単なるミステリーや好奇心で受け止められない存在者ではなかろうかと思います。

それでこうした誤った見方を正していただくために、徹頭徹尾、円盤は高次元現象、いってみるならば霊的現象として発表させていただくべく決心して、円盤の記事を教えられるがままに書き綴りました。

初めの内はごく簡単に考えてペンを持ちましたが、なかなかそう簡単に進まず、次々とわからぬ事柄に当面して、ペンを投げることが再三でありましたが、五井先生を心の中でお呼びして世界平和の、お祈りをしておりますと、背後に宇宙人が感応して、私の心の中で今迄忘れられていた事柄が思い起されたように浮んで来て、難関を一つ一つ解決して下さるのでありました。円盤内部の構造などについては、よく見せていただくことが出来ましたのでわかりますが、最も困ったことは機器の働きや性能についてでして、なかなか理解し難いものが多いので、何回も何回も宇宙人に聞き直しながら書き進めました。

お話はよく理解出来たつもりでいてペンを進めますと、いつの間にか私の想念が出て、現象世界の想念の中に流れ込もうとするとき、中からコツンと頭を叩かれて誤ちを修正させられたこともあります。円盤関係の記事を書こうとして机に向いますと、今迄の自分は全く無く、別人のような状態の中で、夜おそくまで宇宙人との交流を続けてまいりました。

楽しみというよりも苦業の連続でございました。約二ヶ年半に渉り書き続けましたが、その間教えられた未来科学の実態が、私の意識の中に確《しっ》かと焼きついて動かすことの出来ぬものとなったのであります。それにまた地球世界が大きな変化をするということ。それを地球人類が知るか知らぬかは別問題として、地球の天位が刻々に移り動きつゝあることであります。宇宙人の未来の科学がやがてこの地球上にも移されてゆくものと思いますが、天の機が刻々と迫って来ているのに、現代の地球人類は余りにも自己本位の生活を続けて来ております。個人個人の肉体の自分だけの安逸を求めて来ております。このまゝで行けば個人も国家も共に亡びの道にと転落してゆくことは必定です。そして大きな天変地変となり、地球人類の大きな苦悩となって現われて来ることであろうと思います。

人口問題にしても、食糧の問題にしても、生活の基盤になる資源の問題の一つを取上げて見ても、むずかしい問題であり、解決出来難いものばかりが山積しております。政治家も経済人も学者たちも、これらを一つとして解決する名案はありません。ただなんとかなるサ式のその日暮しの姿であろうと思われます。この先どうにもならない問題がさし迫っている現代、私たちは肉体人間智ではどうにもならない。それで地球の未来科学ともいうべき、円盤科学の保持者である宇宙人の素晴らしき智恵と科学の援助を待って、地球世界の夜明けに備えたいものと念願している次第であります。

〝世界人類が平和でありますように〟との祈りの中に、宇宙人や神々が生き〳〵として働いて下さいます。この〝世界人類が平和でありますように〟のお祈りの中から、行き詰った地球世界を救う素晴らしい科学が生れてきます。新しい地球世界に生れ変る、素晴らしい宇宙人の科学が一日も早く地球上にも出現して、地球世界の永遠の平和が生れますように一人でも多くの方が心を合せて世界平和のお祈りを続けて下さいますようにお願い申上げて、本書のまえがきとさせていただきます。

昭和四十九年四月

村《むら》田《た》正《まさ》雄《お》

目次

図・イラスト

I 円盤飛来す

南十字星と銀河

機上の人に

聖ヶ丘でのこと

昭和三十四年六月九日は蒸し暑い梅雨型の天気でありました。

私たちは過去二ヶ年に渉り、聖ヶ丘で世界平和の祈りを毎月五回、日を決めて行ってまいりました。

その日、私たちはグループ七人でお祈りをしておりました。午前十一時半、斉藤氏の「世界人類が平和でありますように」のお祈りの言葉が終るか終らぬうちに、深い深い統一に入るのでありました。

私の場合には、統一は肉体から離脱することよりはじまります。まず肉体の離脱はごく簡単でありまして、スウーといい知れぬ感じになります。それは眠いのに我慢して耐えている時、ちょっと気をゆるめるとスウーと眠りに入ってしまう、ちょうどあの時の状態と同じ感じであります。

このような感じの中で、肉体を離脱してゆきます。この離脱にもいろいろありまして、必ず一様にはまいりません。その時の雰囲気によって、離脱状態が様々でありますが、完全離脱がなかなか行なわれ難いものであります。

その日は気分もよく、全く瞬時にして深い深い統一状態に入りました。すると眼前が黄色に光り輝きました。その光は私が見つめた所が中心となり、大きく広がってまいります。そして肉体より抜け出した私が、その中心へ中心へと吸いこまれるように昇って行きます。それにつれて光の色が次第に黄白光に変ってまいります。私は大変遠くのほうに飛行するのを感じます。その日の統一は先に申上げたごとく、全く肉身から離脱（完全離脱）してしまったかのようでありますが、肉体と幽体との間は、霊線でいつも保たれながら、瞬時にして自分の肉体に戻ることができるのでありま す。しかし遠くを飛行しておりますと、その間に、肉体の周辺に何事が起こっておりましても、全く知らないこともあります。仮にこのような状態を深い統一と申上げておきます。

物すごいスピードで私は飛んで行きます。ただ明るい黄白色の光り輝く世界であります。何一つ見えません。このような黄白色に輝く大空間を、一点となった私が、流星のごとく飛んでいます。そのスピードと、それに伴なう名状し難いスリルが私の全意識を捕えております。そうして私の霊体に、間断なく大空間を走る霊波動が感ぜられます。霊波は一種の電磁波のようで、その強弱や波のあらさ微妙さが感ぜられるのであります。

急に白雲の中に突入しますと、パッと眼前に展開されたものがあります。それは今私たちが祈っている聖ヶ丘の道場でありました。私は道場の庭の花壇の中に立っておりました。私一人で他の方々はおられません。

初夏の空は、雲一つない澄み切った、どこ迄あるか奥底が知れない青空です。ああなんてよい天気だろう。私は両手を大きくあげて、大空を仰ぎ見ました。その時、天と地と私が渾然と一体となって溶けあっているのを感じました。

天もなく地もなく、その中に立つ自分もない。ほのぼのといい知れぬ温さが、体のどん底から湧きあがって来ます。何気なく道場のほうを見ますと、玄関のほうから人がやって来ます。誰か来たなー、と思って私も道場へと歩き出しました。二、三歩ゆきますと、四、五人が私に向ってやって来ました。その先頭の人と私の眼が合った時、オヤ？　と思いました。親しい親しい友人なのです。その次の人にもその次の人にも、親しい感情がこみあげてまいります。その人たちも私を親しくなつかしく感じているのが、私の胸に手に取るごとく通じます。

何をなんと話していいのやら、全く夢中になってしまいました。会っているうちに、遠い昔の記憶が浮かび、次から次からと繰り広げられてゆきます。少年時代の記憶のようにも感じましたが、それはもっと以前のようであります。名前が口から出そうで出ません。なんというなつかしいことでしょう。私はただ有頂天になって、五人の友人を迎えました。

私は嬉しくて嬉しくてたまりません。その私を取巻いた五人の友には、暗い影など全く見当りません。なんと素晴しい人たちでありましょう。私は友人たちの魂の透明さ素晴しさに驚いて、今更のごとく見直したのです。

どのように私は話したか記憶しませんが、もう話さなくともすべてが通ずるのであります。

五人のうちの一番年かさで頑丈な体をしている友人を、仮にM氏と名前をつけます。M氏は私より三つ位年上です。

「君はこれから僕らとともに、円盤に乗るんだよ」

「ヘエー、円盤なんて乗れますかいなー」

「乗れるとも。必ず乗せてあげる」

と自信ありげに申すのであります。

半信半疑の私は、何気なくM氏の言葉を聞いておりますと、そうした私の心を見たのか、M氏がかたわらから取出したものがありました。

「これを着るんだよ」

「これはなんですかね」

「宇宙服だよ」

それは戦時中の飛行服のようなものであります。色は薄茶褐色で細い絹糸で織ったような生地で、ゴム質のような裏があり、帽子にはレシーバーのようなものがついています。

「これを君にあげるよ」

無雑作に私の前に差し出したM氏の姿は、完全に透明で、地上の欲念など、片鱗だに見受けられません。彼からは菩薩様のような清らかさが漂っています。他の四人も地上に降りて来た宇宙人であったのです。

M氏から次に渡されたものは、六インチぐらいの丸い計器でありました。堅い金属で作られてあり、厚さ三インチぐらいであります。革のケースのようなものの中にあって、計針や目盛だけはすぐ見えるようになっております。テスターのような感じが致しました。重さも小型テスター位でありました。ただ計盤は中心に発光体がありまして、幾重にも光円があり、光の輪の色が各段毎に異なっております。太陽の光線をプリズムに通す際に起る七色のようでありました。

私は手早くYシャツとズボンの上に宇宙服を着こみました。宇宙服は思ったより手軽で着心地がよく、計器を写真機のように肩にかけてちょっと自分を見廻しているうちに、五人は既に着終っておりました。

五人の宇宙の兄弟には厳粛な中に、いい知れぬ親しさがこみ上げてまいりますので、私は少しも不安を感じないのであります。

聖ヶ丘の空は、その時、雲が流れ出ておりまして、雲と雲との間に青空がチラチラと見られました。その青空の東南の空の一角に、ボール位の大きさの円盤がチラリと見えました。パッと私の胸を打つものがありました。スウーと斜めに南より東のほうへと下降して行ったのであります。すぐに雲間にその姿を消してしまいました。

五人の宇宙人の間に「来たな」との想いが走ったのが、私の胸にひびきます。

私はいよいよ本当に円盤に乗れるかも知れない、と思いながら、東の空を見ておりますと、一人の宇宙人が私のそばにやって来て、計器の見方や服や帽子や靴などについて（靴は柔かいズック靴のようで、柔かい革とゴムとの中間のような物質で作られておりました）一々手に取って教えてくれました。帽子は外見は革のようでありましたが、ナイロンのようにとても軽くて、ピッタリと頭にかぶれます。

眼鏡ごしに見ますと、外界は今迄の世界と全く変り、素晴しい世界に見えます。それは透明のように丘や森や家や道路までが輝いております。

服は飛行服のように薄茶褐色の服で、ズボンと服とがつづいております。中央が開いて、そこから足を入れ、頭より上半身をかぶります。服は二重になっておって、その中に鳥の羽根か真綿のようなものが入っているようでありまして、とても軽く着心地は満点であります。

ズボンの下は紐でしめるようになっております。靴は半長靴で、先に申しましたようにとても軽いものであります。彼から教わった通り、小型計器を肩にかけて、私は軽く二、三歩ふんで見たのでありました。宇宙人そっくりの姿となった私は、円盤の来るのが待ち遠しくなってまいりました。

その時、また彼が測定器の盤面に出る、光の色と光の位置による見わけ方の説明をしてくれました。

彼は円盤の機械の部を担当しているのかも知れない、とそのような想いが一瞬私の脳裡をかすめます。

空飛ぶ円盤着陸

皆が東を見ておりますと、パッと閃光のようなものが眼に入りました。大きな円盤が私たちの頭上に迫りました。アッという間であります。直径三十米ぐらいもあろうと思われ、ステンレスのように黒ずんで光っております。私は目を見張って瞬きもしません。その場に釘づけにされてしまいました。型は夏の日除けにかぶる麦わら帽子のようです。

見る見るうちに接近してまいります。私たちが立っている五十米ぐらい東の方角に到着致しました。全くアッという間の出来事であります。聖ヶ丘の前庭の五十米ぐらい先は、なだらかな波を打った丘陵で、ゆるい傾斜をつくり道場に近づくにつれうねりあがって来ています。円盤の一部が、畑地の高い処にふれるように着陸しておりますが、円盤は水平を保っております。

あの大きな円盤が、全く音一つ立てず、スウーと到着した様は、実に見事でございました。ズシンと落ちて来るのではなく、フワリーと地上に浮かぶようであります。

ポカンと見とれている私に、M氏が声をかけました。

「さあ行きましょう」

といいながら歩き出しました。私も急いでM氏の後について行きました。

M氏が先頭で、次に私、あとに四人が歩いて行きます。三十米ぐらい進んだ時、向うから一人の宇宙人が出て来ました。

円盤に近づきますと、軽いウーンというモーターの回転するような唸りがひびいて来ます。三米ぐらい先を歩いているM氏と円盤から来た宇宙人とが、二言三言話したような気が致しますと、円盤の唸りがパタと止りました。M氏が何か話したと見受けられます。

円盤から来た宇宙人とM氏とが立止って話しをしているのを、二米ぐらい後方で見ていると、話している宇宙人は若い青年であります。面長でありますが、五人の宇宙人と全く同じであります。日本人そっくりであります。M氏と話をしているのも日本語であります。

無雑作に宇宙服を着こんだM氏に、青年は軽く帽子を脱いで挨拶します。青年はとてもニコニコとしてM氏より少し背は低いようでありましたが、その眼がとても美しく澄み切って、清らかであります。私は一言も話さないのに、なつかしさがこみあげてまいります。それは旧知のような親しさが湧いてまいります。

身長は約一米六十五糎で、私より大きく、M氏より低いようであります。私たちが円盤に乗ることがわかったのか、迎えに来てくれたのか、どちらかわかりませんが、青年は円盤に向き直って先に歩き出しました。そして私たちを誘導してくれます。近づきますと円盤は地上に大きな図体の一部を密着させているだけで、他は全体が宙に浮いていることは先に申上げました通りでありますが、全体がステンレスのような固い金属性物質で造られているようであります。黒味を帯びた純金のようであり、少し斜面になると強く光って見えます。

円盤に乗る

底部には足が見当りませんが、平坦でなく中央部を中心として、三分の二程ふくらんでおります。帽子のヒサシ（円盤は麦わら帽子の型をしていた）の部分が二米ぐらいもあり、その一部がドアーになっているようであります。先導の青年が円盤に近づくと、知らぬ間にドアーが開いておりました。入口は幅一米ぐらいであり、地上から一米ぐらい高くなっておりますので、階段のようなものが下っております。青年が先に、M氏、私と次々に乗りこみました。乗り終ると、音もなくドアーはしまりました。

室内は蛍光灯のような柔かい光が、どこからともなくさしております。内部は幾室にもまた幾階にもなっているようでありまして、廊下を十米ぐらい進んだと思いますと、右側に入口が開いております。二十畳ぐらいの大きさの室でありました。

中央にテーブルがあります。長方形で幅約一米で長さ約五米のが二つあります。中央正座に氏がかけまして、私と向かいあいました。M氏の左右に四人の宇宙人がかけました。青年はM氏にちょっと挨拶をして出て行きました。

椅子は簡単なものでありましたが、かけてみますと、実にかけ心地がよく、三十数個ありました。それでこの円盤の乗組員は三十人前後ではないかと思われました。私は尋ねてみたいことが胸一杯に湧きあがってまいりました。どれから先に話してよいやら、頭が混乱して整理がつきません。このような気持でいる時、再び青年が入って来ました。あまり大きくないコップのようなものを持って来ました。皆の前に一つづつおかれました。

コップは透明でありますので、中の液体がよく見られます。普通の水のようでありましたが、プウンといい知れぬ香りがしてまいりました。M氏が飲むようにすすめて、自分から先にのみましたので、私もコップを口に持って行きますと、水よりも少しねばりがありました。お酒のような感じではありません。一口二口なめているうちに、スウーッと気分がよくなったので、一気にのんでしまいました。

全く不思議な液体のご馳走になった私は、頭の混乱や、驚きがスウーッと消えて、透明のような快活さが湧いてまいります。

その時、M氏が話し出しました。

「円盤について、基本的な面を説明しておきます」と荘重な口調で話してくれるのであります。

「無限に広い宇宙は、一つなる力のもとに規則正しく動いているのです。一つの中心なる力がいろいろと変化して、この広大無辺の大宇宙を形成しているのです。この宇宙に散在する幾億とも知れぬ星の一つとして、この力の及ばぬものはありません。その力は、この宇宙間を縦横無尽に動きまわります。この力を法則と表現することもあります。広大にして無限に広い大宇宙は、一なる神のもとに動いているのであります。この大神様の力が円盤に働きかける時、自由自在に動くことができるのであります」

と説明してくれました。私は頭でわかったような気が致しますが、具体的に一々教えられないと、納得ができませんので、わかったようなわからぬような顔をしておりますと、こうした私の心持を察してか、M氏が、

「中心部の一部を見せて上げましょう」

と席を立ちました。私も席を立ってM氏の後より室を出ました。

円盤の中心部

さっきの廊下に出ますと以前とは反対の方向に進みました。私たちが歩いている廊下は、円盤の中心部をまわっているようでありました。中心部は七、八米もあるかと思われる円筒の室のようであります。そのようなことを感じながら、M氏の後についてやや行きますと、外側に向った階段があり、それを昇って行くと、次の階層に出ました。そこも前と同じような円筒状の、回りが廊下になっております。円が少し小さいように思われました。五、六米行きますとM氏は私をかえりみて微笑みました。私たちがその前迄行きますと、扉が音もなく開きまして、私とM氏と二人で小さな室の中に入りました。すると、スウーと扉が閉り、ちょっと昇ったと思ったら、次の室に出ました。

その室に来た時、これが最上部であることが感ぜられました。室は円いドームのようになっていまして、中央に小高い台があり、台の上にガッチリとした椅子があります。その椅子を中心に、馬蹄形をした机のような台があります。机の内側にはいろいろな計器があります。その中心部は長方

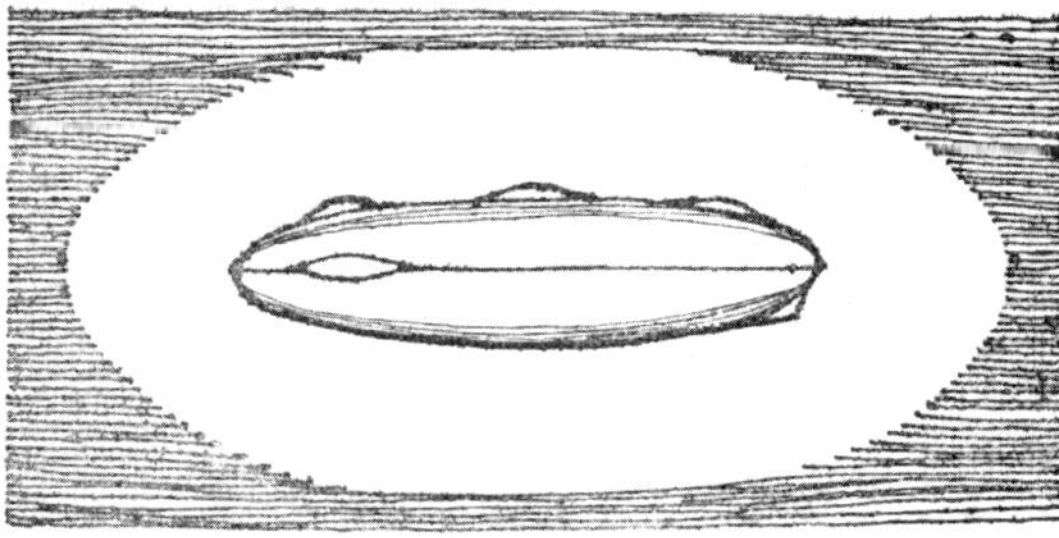

大宇宙を航行する宇宙母船の一種

形をし乳白色に光っております。その両脇に螢光灯のような丸い円筒が幾本も並んでおり、その下側に、私が預ったテスターのような計器が幾つも並んでおります。椅子の後は十糎ぐらいの厚さで、幅六十糎ぐらいの平たい柱のようなものが天井に突きぬけておりま す。室の中心部は約二米上部に突き出ております。室は薄鼠色で塗られております。M氏は「操縦室」と説明してくれました。機長は今、下の自室で休んでおられるとのことでした。

天井に突き出ている部分は、その頭が自由に出入（上下）するようにできていて、強力なレーダーのような役目をするのだそうであります。円盤に関しては、磁気、電磁波等の言葉で、その使用している力（エネルギー）の作用を表現することは不可能なのですが、この場合、概念としてそのような言葉による表現より外にないので、仮に磁気、電磁波等と申上げておきます。また機械類についても同様であります。

大宇宙の根源より発せる宇宙波（磁波）を捕える、強力な磁石のような物質がありまして、凸レンズのように突き出た十字の枠に受波され、磁気の外側を通って、天井に突き抜けている誘導柱の内部を通じて、操縦椅子から操縦者の脳中心を通ります。この波をM氏は宇宙波、光波、微光波といわれました。ドームの突端は宇宙波も受波します。それとその外側にある計器の一部が見受けられますが、それは通信機でありまして、僚機や母船や各星からの通信が自由にできるようになっております。

M氏から説明を聞いている間も、操縦椅子の前の長方形や円筒の計器の幾つかが、いろいろに点滅しております。円盤の中心はなんといっても操縦者でありまして、この操縦は主として機長が当っておられるようであります。宇宙波を受波した受波器は、そのまま機長（操縦者）に伝わり、機長の体内を、精体を通じて、その心臓部へ、機長の心霊波を通じて操縦桿に伝達致します。そして操縦桿を通して、次の増幅器に入って行きます。

増幅器室は操縦室の真下にあります。M氏はなおも説明してくれました。機長椅子の前にある机に幾つものボタンがあります。その一つを押しますと、一瞬にしてドームの外側が透明になり、私たちが宙に浮いているような感じになりました。硝子張りのサンルームにいるようで、周囲の情景が手に取るように見受けられます。「アッ」と私は思わず驚きの声を発してしまいました。

私の声にM氏は微笑しながら、

「これは僚機や母船や星に近づいた時だけに用います。宇宙間を飛行中は自由に通信ができますので、用いる必要がありません」と教えてくれました。私はふと馬蹄形の机の乳白色に光っている処が気になって見つめておりますと、それを見ていたM氏は、

「これは階下三層の室の状態がボタン一つで自由に映像に写され、居ながらにして、円盤全体が手に取るようにわかるようになっているのです」と説明してくれました。

私はなおもききたいことが山程ありますが、M氏は「次は増幅器室を見せてあげます」といいながら歩き出しました。

以前に昇った小室の前に行きますと、壁が音もなく開きました。二人が入り終ると閉って、スウーと降りたと思った瞬間、ドアーが開きました。それは増幅器室の入口でありました。天井は平で、六米もあろうと思われる円筒といった感じを受けます。中央天井より直径七五糎もあろうかと思われる軸が一米ぐらい下っておりまして、天井より床迄は三米よりややあり、床より一米余のガッチリした軸受けが出ております。天井から下っている軸と、床から出ている軸受けの間を、直径三米もあろうかと思われる、巨大な黄白色のコマのようなものが、物すごいスピードで回転しております。

天井からの軸は少しゆれております。仮にこれをジャイロコンパスと呼んでおきます。入口の反対の処には幾つもの箱のような物を積み重ねたような、四角の枠取りが見受けられます。その箱ごとに計器がついております。

M氏が、「これが増幅器であります。機長の操縦する操縦桿の下部が、ジャイロコンパスの上部に連絡しております」と説明してくれました。ウーとうなり音を立てて相当な速さで回転しております。普通のモーターの一分間の回転数、一四四〇回よりも、二、三割も速いのではないかと思いながら見ておりますと、M氏は「このジャイロコンパスの回転理論は、磁場と電流回路との相互作用を応用して、電気的エネルギーを機械的エネルギーに変化するモーターの回転理論と同じです」と説明してくれました。

丸い室の壁のところには計器や計器盤が見受けられます。私があっけに取られて見ておりますと、その室にはいつのまにか先程テスターを説明してくれた宇宙人が来ていたのでありました。

彼はジャイロコンパスの後になって、見えなかったのでありますが、M氏の説明を聞いているうちに、姿を現わしまして、ニコニコとして私を迎えてくれたのでした。

「今は機長が休んでいますから、光波は蓄電器より引出して、ジャイロコンパスを廻転させています」といいながら後の四角な箱のような壁をさしました。

「ああこれが蓄電槽ですか」と私がいいますと、彼は大きくうなづきながら、ジャイロコンパスや円盤についての基本的な理論を簡単に話してくれました。

ジャイロコンパスと水晶球

「宇宙波は機長を通じて、光波と変ります。光波は機長の心波と同じ速さに変ります。機長の心波こそ、円盤を操縦する原動波なのであります。そして再生器を通し微光波となります。微光波は強力な電磁器を通して電磁波となります。そうして電磁波には相反する彎曲（歪）が与えられて、そうして円盤の約三倍から五倍の四囲に最も強く働いて、つねに円盤を保護しているのです。

電磁波のエネルギーがいろいろと変化することによって、円盤は自由に活動をつづけるのです。宇宙線・引力・大気等のエネルギーをコントロールするのも電磁波であります。

結果的に見て、この電磁波こそ円盤の生命のごとくに見られますが、実はこの重大な電磁波は、このジャイロコンパスの内部において変化するようにできているのであります」

彼はしばらく口を閉じておりましたが、ふと何を思ったか、再び話をつづけます。

「ジャイロコンパスの回転理論は、電動機の回転理論と同じでありまして、機長よりきた光波が、伝導軸を通じてコンパスの中心に入ります。ジャイロコンパスの上下の端には強力な磁極がありまして、両方共マイナスであります。お互に遠ざかろうとする力が働きますが、コンパスの回転によって起る遠心力が加わって、平衡を保っております。

コンパスの中心軸の中央から十字になって、外側に帯のように磁極は直角に出ております。その端が丸い板になっており、軸を中心に、上下二つの傘が合って回転しているのであります。今は半径約一米ぐらいでありますが、回転に応じて伸縮自在となるのであります。

傘を構成しているのは、軽金属のような軽い金属性のものでありまして、強力なプラス性を帯びております。鳥の羽のように幾枚もが重なり合って、大きな傘を構成しております。傘の中は宇宙のいかなる力も、宇宙波も通しません。だから自由に電磁波も作用することができるのであります。

ジャイロコンパスの軸を中心に、十字になった帯の末端には七・五糎の丸い水晶球のようなものがあります。ものすごく敏感な水晶球の働きはコンパスの回転に、水平行、上昇、下降、斜行など自由自在の働きを円盤に起こさせるのであります」

彼はそれだけいって、水晶球の内部の構造を話してくれませんでした。

今、ジャイロコンパスは、水平回転をつづけておりますが、円盤の飛行するにつれて、方向の変化とともにいろいろに形を変えて回転することを詳しく教えてくれました。そして水晶球の敏感なる働きは、機長の心波によって変化するものであることを申し添えてくれました。

再生器室に行く

彼に厚く御礼をいって、私はM氏に伴われ、室を出ました。

次は再生器室に行くのだと、教えてくれました。そして小さな室に入りました。この室はエレベーターのようであります。室には二ヶの丸い計器と一ヶの長方形の円筒がありました。円筒は螢光灯のように薄水色の光を発しております。ドアの開閉には、この円筒から二糎ぐらいの厚さの輪状になった光が点滅します。よく見ておりますと、その光の輪が上下に移動して行きます。

円盤の中のどの室に入りましても、光源は見受けられませんが、みな同じような明るさであります。

スウーとドアーが開きました処は、再生器室でありました。直径五米ぐらいの大きな丸い槽が、室の中央にあります。直径一米もあろうと思われる丸い柱が、槽の中心にありまして、中心より放射状になって槽は七つに分れております。上の室の増幅器室より導かれた光波は、槽の中心部に導かれます。槽の厚さは三十糎ぐらいかと思われます。中心部は上より降りて来た伝導管を中心に、四十糎高くなっております。各槽毎に中心柱の処に計器がついております。

ちょっと私をかえりみたM氏は話し出しました。

「この一米もある柱は、中心は伝導管でありまして、そのまわりを磁極が取り巻いていて、この磁極を通った光波は、柱の底部で真空管のようなものを通して放電されるのであって、こちらの持って来たテスターを向けると反応するようにできています」

この室には別の青年がいましたが、私たちを愛想よく迎えてくれました。

槽が七つに分かれていることは、前に申上げました通りでありまして、三十糎ぐらいの深さの中は、透明に近い薄水色の寒天状のものが入っております。ジャイロコンパスより降りて来た光波が、再生槽の中心部より電波のごとく放電されて行きます。中心より放電される状態は実に美しい観を私たちに与えます。

五米もあろうと思われる槽は、先に行くほど広くなっていることは、先にも申上げましたが、その途中、四つの遮断板があります。こうした仕組になった再生槽の中を、私たちが見ている間も放電が絶えず行なわれております。よく放電の状態を観察致しますと、各槽毎に一様ではありません。

ハテなんだろう？　と疑問が生じました時、M氏が話し出しました。

「今こうして円盤が着陸していても、浮かぶように水平に保っているのは、蓄電槽から引出された光波が、絶えず電磁波となって放散されているからです。それでこの再生槽に放散分布状態が見られるのです」

M氏が中心部の計器にテスターを向けてスイッチを入れますと、同時に、長方形の円板に螢光灯のような光がつきます。次に光の輪が下より上に昇って行きます。「輪の色と昇る速さによって、円盤のこの部門の電磁波の量を知ることができるのです」と説明してくれました。

円盤を取り巻く磁気帯の謎

「微光波に再生されたエネルギーは、次の段階でコントロールされるのです。

再生槽の末端が、ラジオのスピーカーの外面のようなじょうごのような形をした部門に吸収されて行きます。槽の終りはそこで終っておりますが、その内部はトランスのように、幾枚もの強力な磁気の中を通って、円盤の帽子のヒサシの部分に達します。

円盤の断面図（次頁参照）をごらん下さればよくわかります。円盤のエネルギーの放散は帽子のヒサシの部分と、ステンレスのような外側の金属性物質からと、二つの部門から放散されております。特にヒサシの部分からは強力な放射が生じます。その放射にはものすごいバイブレーションが生じます。その波動があまりにも短くまた早いので、私たちには感じられません」と説明してくれました。そして、

「個と全体とは、私たちの常識として知っていることでありまして、このヒサシの部分の電磁気の放散は、ちょっと人間の皮膚のようでありまして、皮膚の細胞の一ヶ一ヶが各々独立した働きを

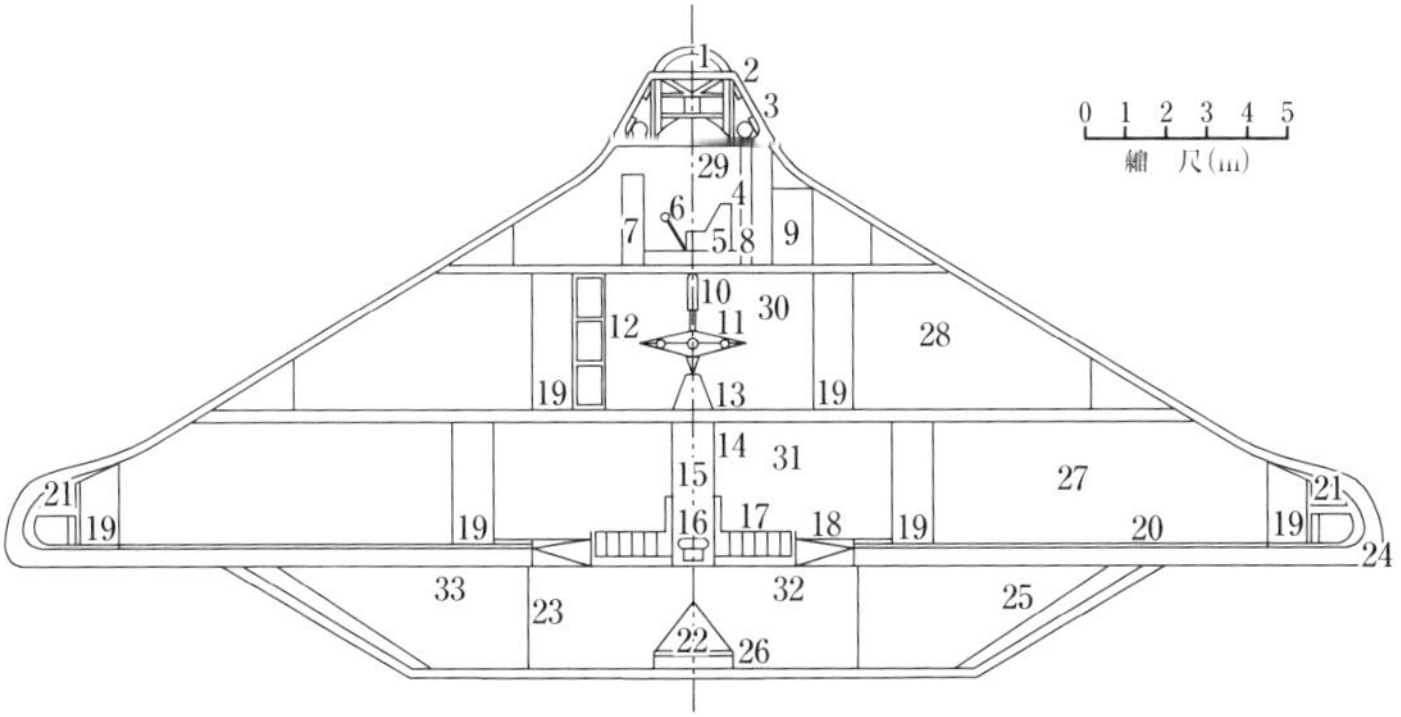

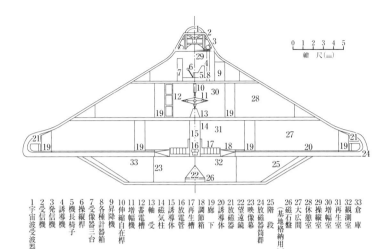

『空飛ぶ円盤』断面図

営みながら、全体と連って調和を保っています。円盤全部で何万あるか知れませんが、一つ一つ電磁気の放散体が、独立した彎曲（歪）を持ちながら、相反するものが交互に組合わされて、一つなる機能のもとに統御され、全体との調和が一糸乱れることもなく、ごく自然に働くのであります」と簡単に話を結びました。

円盤を取り巻く磁気帯や一なるものの統御元の理論（円盤の中心に磁気帯《電磁波》を大きくしたりまた小さくしたりする機密があるような気が致します）について、もう少し詳しく聞きたいと思いましたが、明してくれませんでした。

私はその時ハッと思い出しました。初め円盤に乗る時に、基本的な説明をしてさしあげるという言葉が電光の如くに私の脳裡をかすめたのです。ああそうだ、それで充分なのだ、有難うございます、と心のどん底より感謝の念が湧き上ってまいりました。

「円盤にはまだもう一階層下がありますが、それは次に教えます」とM氏はいって、再生室を出ました。私はまたこの室に来る機会が必ずあることを信じて室を退出致しました。またもときたエレベーターに乗って廊下に出ました。廊下をやや行きますと一つの室の前に来ました。ボタンを押すと音もなく扉が開きました。この室は十畳の大きさであります。壁にはいろいろな天体図が、縦約二米、横は約四米の大きさに張られてあります。中央に丸いテーブルがありまして、安楽椅子のような豪華なものが四つありました。

観測用テレビ

円盤内部の各室をまわって、すぐ感ずることは、どの室にも乳白色に光っている壁が一部あることです。それは壁に額をはめこんであるようです。この室も同様に大型テレビ大のものが天体図と天体図の間に見受けられました。

それは最上層部にある機長室の操縦桿の前にある受像板と同じようでありますが、各室のものはそれより小さく三分の一ぐらいであります。

M氏はこの受像板を指しながら話し出しました。

「これは、今地球でさかんに使用されているテレビ受像機と同じ働きをするもので、最下層の中央にある、天体望遠鏡よりの観察状態が、反射鏡を通して拡大録画され、そしてそれが微光波となってこの受像機に再現されるのです。

それで乗員は、各部署で働きながら、居ながらにして、スイッチ一つで遠くにある星々の運行状態や、他の星との相互関係などを手に取るように知ることができるのです。

そしてまたある特定の星を観察したい場合は、ある程度まで接近して、その実体をくわしく調べることもできるのです。

この円盤は中型機で、近くの基地や母船から飛行するのです。これには二、三ヶ月間や一、二年間の遠距離飛行用のものもあります。これらの種類にはいろいろありますが、小は直径三十粴ぐらいから大は直径数キロにわたる厖大なるものまで、みんなその使用目的によって異なった性能を持っているのです。

例えば接近しては危険な場合は、遠隔操縦のできる小型円盤を飛ばします。この小円盤には感受性の強い録音記録装置が積みこまれて、現地に近づいてその生々しい状態波動をつぶさにキャッチします。その記録は直ちに親円盤の受像板に再生され、その映像化された記録を観察するのです。

そして観測がすむと親円盤に回収させるのです」

この中型機も小型円盤を飛ばすことができるのだろうか、という疑問が生じましたので、尋ねてみようと思った時、その心を察して、M氏は話をつづけました。

「勿論、この中型機にも発着装置があり、いろいろな録音板を保有しております。

地球の表面は、これ迄多くの大小円盤や母船によって、秀れた科学力を利用して、どれだけ長い間観察をつづけられてきたかわかりません。

天体を構成する各星々の間の一つの星、地球なら地球がもつ天体上の位置は、法則によって定められて、お互いに関連性をもちながら調和しています。その説明はなかなかむずかしいものですが、そのうちの一つにでも不調和の波が高まってくると、即ち兄弟同士である人類が、いつまでも闘争や殺りくの歴史を繰り返し、その上になお原水爆の実験を止めないことには、たとえそれが実験にせよ、その爆発によって起る放射能のために、大気は汚染し、それは長期間に渉って回復することができず、地球を取巻く大気のバランスはついに崩れて、地球に関連する太陽系は勿論のこと、他の星にも相当大きな影響を与えます。

この事実を進歩した星々の人たちはよく知っておりますので、長い間たえず地球を見守ってきたのです。子供の火遊びのごとく地球上で今行なわれている原水爆の実験は、たとえ試験的にせよ、宇宙的に大きな誤りを犯しているのです。そのために人類が創始以来の大災禍を蒙むるということがわかっていても、自分たちが困難な場面に直面した時には、平生の冷静さを忘れてこれを使ってみたくなるものであります。

こうしたことも起り得る、ということをよく知っているわれわれは、地球人類を大災禍より救おうというだけではなく、地球の存在する太陽系、またそれ以外の星々に与える悪影響を予防しようとして、大きく働きかけているのです。その一つの現れが円盤なのです」

M氏の話は、少しの乱れもなく冷静そのものです。彼の澄みきった瞳の中からは、いいしれぬ温さがにじみでて、私をすっかりつつんでしまいました。

「今地球の表面に、何千何万とも知れぬ円盤がたえず飛来し接近し、いろいろと調べております。それは地球人の可視界以外の階層で働いているのです」

「可視界以外の階層」さてわからない、どういうことかな、という想いがちらりと私の脳裡を走りました。それをすぐ見てとったM氏は、

「地球では、電波は一秒間に地球を七回半まわることは常識として知っていますね。その早さで走る電気電波は、目にも見えずこの感覚で感ずることはできませんが、電波をテレビやラジオ、無線と各装置を通し、映像に、文字に言葉に変えてゆくのを見て、だれでもが手にふれない、目に見えないからといって、電波の実在を否定することはできません。この原理と同じなのです。以上のような説明で、可視界以外の階層（波動）のあることはおわかりになることと思います。

今地球では月に向って、宇宙ステーションロケットを発射して、月の裏の写真撮影に成功したようです。これは月の裏面の観察に大変役立つばかりでなく、大宇宙を知る一段階として大変よいことであります。

それにしても地球人は地球人の現象的な事物のみに捕われすぎていて、目前のことになんとまあ追われてきたことでありましょう。それは人間の本質をあまりにも忘れすぎていたからです。けれど月へ幾年かの後には行かれるかも知れぬという希望を地球人類に与え、また多くの人々の想念を、宏大なる大宇宙にと向かわしめたその功績は大きいものです。

だがわれわれにとって、月と地球間の距離四十万キロは、ひろげた両手間の幅の一部にすぎないのであります。そして右手の中のものが独立して、自力で、左の手の中のものを知ろうとすることはなかなかむずかしいことです。右手と左手だけが直接交渉しても、なかなか真実わかるものではありません。なぜならば、お互いに己れを知らず、同時に相手を知らな過ぎるからです。

われわれにとっては、右も左も一なるもののうちにあるのです。なぜなら、右は右だけで個としての独立し孤立した存在ではないからです。それは一なるもの（中心への統御）の一部としてはじめて個としての存在価値があるのであり、認められるのです。そして一なるものへの従属として働き、一なるものの現れとして働いているからなのです。

われわれはそうした部分部分の直接交渉も悪いとは申しません。しかしそれはあくまで方便であり、段階です。地球の多くの科学者たちは、直接交渉を全部と思いこんで、しゃにむに突進してきますが、進歩した一部の人たちはある地点まで達しますと、直接交渉の誤りであったことを知るのであります。それは大きな破れそうもない厚い壁に突きあたるからです。初めから方便であったからです。

しかし他の星々よりも大変おくれている地球科学を、ここまでもってきたのは、この方便の科学のはたした役割が大変大きいといわねばなりません。

キリストの聖書には、海からあがった七つの頭をもった怪獣が、地球上をかけめぐる時がくる、と予言しております。科学の進歩が極限に達しますと、またもとの昔に帰ります。一億年ぐらい昔にさかのぼり、氷河時代からまた出直しであります。このようなことを地球の人類は幾回か今迄繰り返してきたのです。しかし……」

といって言葉をのんだM氏の顔に、一種の緊張した気がみなぎりました。私は息をこらして、次の言葉を待ちました。

ああ地球の友よ

「しかし今は、再びそれを繰り返すことができなくなったのであります。それは地球の地軸が徐々に動きつつあるように、他の星々との関連の中心となる星が、ある星へと移りつつあるからであります。地球の一つの周期が過ぎたのです。

地球上の人間が子供から次第に大人に成長してゆくように、地球にとっても過去幾億年かたどってきた一つの道が終ろうとしているのであり、そして他の新しい道に踏み入ろうとする時が来ているのであります。それで地球の表面には、今迄かってなかった変化が徐々に現われているのです。それを一部の人のみが気づいているだけで、他の多くの人たちが全く知らない間にどんどんと進展していっているのです。それは地球の科学で究明することのできない不思議な事態が起ってまいります。つまり周期の変化にともなう結果であって、地球人類のかつて見なかったような不安と恐怖と混乱が生ずるかもしれません。自由主義も共産主義も中立も、否応なしに深い大きい混乱の渦中に巻きこまれるかもしれません。

こうなるかもしれないことを、われわれ宇宙人はよく知っておりますので、こうした混乱から、誤てる認識から、地球人類が解放されることをいつも祈っているのです。

地球人類といえど宇宙人類の一員であります。幼き知識より持ちあわせない幼き友です。ああ地球の友よ！　私たちを呼べば必ず必ず援助の手をさしのべます。

私たちを呼び、救いを求める人のところには必ず必ず私たちはまいります。いろいろな形や姿となって私たちは働くのですが、真に私たちを理解してくれるところには、私たちの真実の姿をまのあたりに現わします。そうすればわれわれの智慧と力とは友のものとなりましょう！

この智慧と力とは多くの人々を迷いから、誤りから解放するのに大変役立ちます。ですからあなた方は心配することはないのです。今に地球の頑迷な人類も、あなた方地球の友だちと私たちとが協同して働きかける時、必ず必ず誤りを悟り、目を開いて一大飛躍をする時がまいります。黎明の時がまいります。その時、地球人類の一大昇華が見られることでありましょう。

これを地球の黄金時代といっている人もありますが、多くの人々は黄金時代の意味をはき違えているようであります。あくことなき個我の欲望達成満足が、さも黄金時代のごとく思っている人が多いようでありますが、それとは本質的に異なるのです。地球人類が人間の真の姿を知る時、それを黄金時代と形容したにすぎないのです。

そこで、円盤内部の精密なる機器について考えさせられるように、また乗員の各人が一なるもの（機長）のもとに、一糸乱れることなく帰一し統御されていて、かつ、個は個で個としての特徴があります。その特徴を生かしてこそ、全体は調和して運行し、生きるのでありま す。それがとりもなおさず個の全体への帰一であり奉仕なのです。このことを理解できるとするならば、素晴しい時代への夜明け、誕生はただ時間の問題となりましょう。しかしその誕生には生みの苦しみというものがあるのです。大きな真理が顕現されようとする時、必ずそれにともなう反対の気運が起り、邪魔をするものが出てくるものですが、それは地球人類が超えねばならぬ一大試錬なのであります。

友よ、友よ、地球にも必ず必ず黄金時代の来ることを確認し、勇気を持って不調和、暗《やみ》の姿の前に突き進んで下さい。そうして困難にぶつかった時に、私たちを呼べば、必ず救助の手をさしのべます。このことは固く信じていただきたいのです。どうか私たちの心を一人でも多く理解し協力してくれることを厚く望んでいるのです。

祝福されたる友よ！」

とさしのべたM氏の手を固く握った瞬間、ただただ感激の涙が私の頬を流れ落るのみでした。

話し終えたM氏の顔からは、長老のような霊気がみなぎり、目からはいいしれぬ閃光がたえず輝いています。「祝福されたる友よ」で結んだお話の一言一句は、私の魂のどん底まで透徹して、心のうちになお鳴りひびいています。

私は私の過去の一切が消え去って、光明の真理の大海原の真只中におかれていることを感ずるのであります した。

その時再び先の青年が入ってきて、コップに飲物を注いで、室をまた出てゆきました。M氏にすすめられて飲みはじめました時、今迄何も気にとめていなかった、室の隅にある円筒に、急に光が点滅したかと思うと、光の輪が上へとのぼりはじめました。

円盤、地球をはなれる

何をしらせているのだろうと思い、尋ねてみますと、

「今、円盤は地球を離れたところなのです」とこともなげにいわれました。私もこれには驚きました。なんの動揺もなく地上を離れたからです。もし円筒に離陸上昇の知らせの現れがなかったなら、私は全く知らずにいたことでありましょう。

それにまた、私はこの先どうなることだか少々不安にもなりましたので、とっさに「どこまでいくのですか」と聞いてしまいました。

M氏は微笑しながらちょっと私をかえりみて、椅子から立ちあがり、二、三歩あるいて背後にあった天体図のところに行き、そばにあるスイッチをいれました。すると突然、天体図が躍動するかのように、光線による明暗がクッキリと浮かびあがってまいりました。

私は思わず「アーッ」と声を出してしまいました。

夕暮の薄暗い部屋に電灯がつき、パッと明るくなったように、画面は見事に一変して、深い深い立体感で、大宇宙の深奥を手に取るごとく写し出しております。

「この天体図は、私たちの太陽系を中心として、他の星々との関連を表現しているものでありま

すが、この深遠な無数の星といえども、大宇宙の中の一個にすぎないのです。そして星々が持つ光の色、それは自分で発光しているにせよ、また反射しているにせよ、その光の色こそ知っておくことが大切であります。それは後日大変役立つことがありましょう」

と謎を一つ残して話し終りました。

星々は私たちのそれのように、一つの太陽系を構成し、太陽（星）を中心に運行をつづけながら、その太陽系全体がある中心へと軌道を画き、そして大太陽系として運行する。そうした大太陽系がまた次の大々太陽系となって運行をつづける。このようにして天文学的数字に拡大膨大してゆきます。

太陽のごとく光を自身発して燃えている恒星と、光を受けて反射している地球や月や火星などの遊星とが、一単位となって、次の中心へと大宇宙の根源につらなってゆく状態が、一見して理解できるように工夫されています。

星と星との空間は真暗でありまして、その太陽系の圏内に入ると、その太陽から出す独特の明るさがあるのであります。またその反射している星も、各々みな反射する明るさ、星の周囲にある大気圏とでも申しましょうか、その色がみな一様ではありません。そのなんとも形容の致しようがない神秘的な画面を、私はただただ呆然として見守るばかりでありました。

M氏とならんで見ていた私は、円盤内にいることも忘れて、大宇宙の真中に投げだされたような感じでした。

ふと自分に帰った時、M氏は相変らず微笑しながら、「ここですよ」とゆびさすほうを見ますと、天体図の左下の所に、小さい赤い光を放ちながら航跡を残して少しづつ動いているものが目につきました。それが今私たちの乗っている円盤が航行をつづける位置を示していることは、一見して理解できました。地球を離れた円盤は、金星の方向に向かって飛んでいます。

M氏は私をちょっとかえりみて、「今日はあまり遠くへゆかずに地球にもどります」と教えてくれました。

それは新米？ のお客さまがあるからです、とはいわなかったが、私にはそのように受けとれました。いつまで見ていてもあきない大宇宙の立体的な深遠さを写し出す大天体図に、魂を奪われている時、「天体望遠鏡をお目にかけましょう」といいながら、M氏は室を出かけました。

私は天体図に心をひかれて何回もふりむきながら、後について室を出ました。廊下に出てちょっと歩き、私たちはエレベーターに乗りました。と思うとすぐ一番下の階層に下りていました。

言語風俗をも翻訳する望遠鏡

そこは直径八米ぐらいの円型の室です。中央には床より五〇糎高くなって、直径二米ぐらいの天体望遠鏡が大きく座をしめております。そのまわりにはいろいろな計器が見られます。天井にも何か装置があるように感じられますが、よくわかりません。

M氏は相変らず静かな口調で話しだしました。

「この天体望遠鏡は、今地球で使っている光学望遠鏡と異なり、観察しようとする物体の波動をキャッチして再現するのであって、地球の人たちの想像以上の遠距離にある物体を、手に取るごとく観察できるものであります。観察したい物体に特殊な波動を送ると、反射して帰ってくる波の動きが、増幅拡大されて映像ともなり、音波ともなるのです。このことを理解していただけば、この天体望遠鏡のことはおわかりのことと思います」

といい終ったM氏は、ここでちょっと考えていました。

私は他の星の人々の言葉や社会機構や風俗習慣などや、またすぐれた科学を保有している人々の生活内容などが、簡単に理解できるかどうかとの疑問がわきあがりました。

「波動のお説はよくわかりますが、進歩した星やその他の星をただそれだけで理解できますでしょうか?」

「われわれに言葉は不必要なのです。口に出す言葉は真実にその人の意志を充分に表現することができましょうか? 言葉はその人の真実を完全に伝えられず誤り伝えることが多くあります。ものをいう眼と動き、それは波動の動きを捕えたにすぎません。私たちは波動で意志がそのまま全部完全に、お互いに相通ずるのであります。ですから言葉以上の言葉が、ひびきが私たちのことば宇宙語であります。

それで他の星々に住む人々にもよく通じ、相手の波もこちらの波も電光のごとく時間空間を超えて、お互いに一つの間違いもなく伝わります。

さてそこでこの天体望遠鏡で再現された波動は、映像となり言葉となって現われるのですが、星々の言葉や風俗習慣は、光波となってキャッチされ、再現される時は、地球人のもっている念波（地球人のもつ風俗や言葉などをさす）に合うように、理解できるように再現されます。ラジオのダイヤルをまわして波長を合わすように、その星々のもつ念波にあわせて再現できるのです。ですから決してむずかしいものではありません。

なおこの望遠鏡にはレンズに直接映像するのと、反射鏡を通して銀幕《スクリーン》に映写するのと二通りあって、その目的に応じてどちらにも使用できるようになっているのです」

といいながら、M氏はそばにあった椅子を私にすすめて、望遠鏡の計器の一部に手をふれました。とたんに室内の色彩が一変しました。銀幕《スクリーン》に映る現象はまさに奇想天外です。それこそ天体望遠鏡で観測されている大宇宙の一片なのでした。

星は生きている

銀幕《スクリーン》に突如展開された映像に驚嘆している私に、静かに微笑みかけながら、M氏は話をつづけます。

「今銀幕《スクリーン》に映像しているのは、反射再生法によるのです。この方法を用いるのは、大宇宙を総覧する、つまり見廻すためで、視界を広く深くすることができるからなのです。

それで一つの太陽系内の星と星との関係、また他の各太陽系に属する星との関係、それぞれに密接なる相関関係を保ちながら運行している星の状態を、わかりやすく知ることができます。

今、ここに映し出された無数の星々は、ポッリと宙に浮かぶように見られますが、この名も知れぬ一個の星でも、無限に近い大宇宙にみなぎる星々とに、皆それぞれの関連をもっているのです」

私はなんだか話があまりにも大きく広く、かつ深いので、捕えどころのない夢想空想に耽るような感じで聞いていたのです。お話より映像のほうに全く気をとられていたからであります。

銀幕に映ずる大宇宙は、暗黒の空間に無数の星を輝やかせております。先程、天体図で見た星々のように、ここでは私たちが地球上で見ているキラキラときらめく星は、ごく遠くにあるものだけであり、星々にはそれぞれ光の輪のように輝きが取りまいております。初夏の夜空にスイスイと光の尾を残して飛んでゆく螢の灯のまわりには、発光体の何倍かの光の輪があるように見えます。それと同じように星々は、そのまわりを取りまく光体があるのです。その光体の一つ一つが同じ色でないことは前に書いた通りです。

今、私の眼前に展開されている星は、いずれも生き生きと躍動をつづけております。そしてそれぞれいろいろな色の光の尾をひいています。その星の光体の色と大きさ、またその光の尾、右から左へ、上から下へ、下から横への線を描く軌道方向、速度を、それぞれ異にした運行状態を見ておりますと、生き生きと生きつづける生命体としての星、生ける姿の星を感じるのです。地球上の私たちの観念としては、この大地を山や河や大海をつつむ固体、鉱物の大塊と思っています。ですからこの大地や山河が生命をもって生き生きと生きつづけているとは、なかなか思いこめるものではありません。しかし今私が見まもっている星は、全くその観念を超えて、脈々として生きつづける一つの生命体そのものに感じます。

地球の人類に幼い者があり、青年壮年老年があるように、星にも年令が感じられます。若くて精気はつらつとして躍動する星の光は、一段とさえて白青に輝いております。光の色で星の年令を判定する、と私たちは天文学で教わってきましたが、それはまちがっていない真理であることを再認識したのでした。星々の色を見れば見る程、私には星が一人の人間のように思えてならないのでした。そして星には星の天命があり、その天命の中でその星に住む人類の想念が和して、その星独特の光の色をかもし出しているのではないだろうか、と思えるのでした。それも私の脳裡を一瞬にして通りすぎて行きました。

銀幕の画面は、大宇宙の一片を捕えながら次々と移って行きます。

私は銀幕にうつる大宇宙に魅了され、自己の存在も忘れはて、スッカリ大宇宙にとけこんで、私も一個の星となって大宇宙間を飛びまわっているのではないか、と感ずるのであります。

人間は宇宙である

ふと我にかえって側にM氏がいるのに改めて気づきました時、彼は相変らず微笑しながら話し出しました。

「大宇宙は人間の肉体の構造に似ています。人間の肉体は約四兆の細胞からなっていると、地球の科学者もいっています。無数の個が集ってそれぞれが複雑な相関関係を密接に保ちながら、一つの機能をはたしてゆく。そしてその機能は全体の一部として不可欠の存在となっている。宇宙に散在する星は、この細胞のようなものであります。それで人間のことを小宇宙といっているのは真理であります。大宇宙が人間の真体、つまり神体であることを宇宙人たちはよく知っております」

今銀幕に映ずる真黒な空間に輝く星々の姿は、人体とするならばいったいどの部分にあたるものだろうか、きっと中心へ中心へと向うにつれて、明るい輝ける世界があるはずだ、私が今見ているのは、ただ大宇宙の端の一片にすぎないのだと、彼の話を聞きながら私はしきりに考えていました。

それを知ってか彼は、

「そうです。そうです。それはね、例えば真理が顕現しようとする前には、不安や恐怖や憎しみや悲しみ、その他いろいろの悪不幸と見える状態が生まれて来るものですが、そういう時にそれを打ち破ってこそ、真理が真理として顕現するのであって、初めから真理が満ち充ちている時には、真理は現われようもありません。絶対が絶対のままでは働けませんし、わかりません。相対に分れ出てはじめて絶対がわかります。

さて宇宙は、あなたが考えられた通り、中心へ中心へと向うほど明るくなります。宇宙の大中心は輝ける白光《びゃっこう》の真空なのです。

そうです。現れなのです。真実の光、中心体の白光を知らすためには、光だけであれば光があるということを特別に思いません。光に対するに暗黒があって、はじめて光明の世界を知ることができます。

その中心となる真空は何もない、無だと早合点してはいけません。無の世界とは全く対照的な、一切のものが実在する世界なのであります。実在するからこそ、そこからすべてのものが生まれるのです。実在する姿、それは波動の根源としての絶対の心です。絶対の心こそ真空であり、白光と輝くのです。それが大神様であります。

人間はみなそれぞれ、心の奥の奥のなお奥深いところに、真空を持っています。真空こそ人間の真実の姿なのであります。その真空が顕われ出ようとする前に、真理（神）に程遠い反対の状態によって真空をとりまかれ、その顕現を邪魔されているのが、現在の多くの地球人類なのです。幼き友よ、という言葉の表現は、決してあなた方を見くだしたり、また軽べつした表現ではないのです。それは成長し進化してゆく過程における一段階の表現にすぎないのです。

全人類は無限の成長と進化の道程を、ただ一途に進んでいるものです。成長と進化こそ人類の本質であり、実体なのであります。

進化をとげてゆくには、一つ一つの段階を踏み越えてゆくよりほかにないのです。進化なき人類はあり得ません。そうしてその段階を一つ一つ経験してゆくことであり、経験することによって悟ってゆく。つまり体智、霊智、神智へと全身全霊をもって経験してゆくのであります。

初めなき終りなき大生命の流れの中で、無限の彼方へと進化の一途を歩みつづけてゆくのが、人類の真実の姿なのであります」

大宇宙の中心へ

その時、彼が天体望遠鏡の一部に手をふれたと思った瞬間、画面が一変してしまいました。双眼鏡で視界の方向を転じてゆくように、画面が急速に流れ去ってゆきます。暗黒の世界から夜明け前の夜空の白むような世界へと変ってきました。

そこには青いサファイヤのような輝きを見せる星群が、大きく展開されています。なんとも形容のしようのない美しい星群であります。これらも皆それぞれに運行していますが、この世界の変っているのは、各星の発している光の色が違うことと、光の尾がわずかしか見られないことであります。

画面がまた急転して、今度はピンク色に変ってきました。青い大空がピンクに輝く様はちょっと筆や言葉では表現のできない美しさであります。

また大きく画面が展開すると、美しい夕焼け空のように一面赤々とした光景です。その中を星々が運行している様子は、一つの星というような感じではなく、クルクルとまわりながら飛んでゆく火の玉のような、見るからに壮烈さを感じるのであります。そこでは曳光は流星のように赤く輝く光の尾を残しながら飛んでゆきます。

画面の中に私はすっかり入りこんでしまっているうちに、私は地上の習慣がつい出て、右に左に、下に上に、とその動きを申しましたが、実際は、上も下もない、前も後もない、落ちようにも落ちてゆく処がないのです。その中を縦横に飛行する星をながめる時には、向った方向が前であり、その反対が後なのであります。このようなことは子供でも知っていることなのですが、そのような決りきったことを、殊更に申上げなければハッキリしないのが、この世界の実際の姿なのであります。

画面は急速に移行してゆきます。夏の真昼を思わせるような澄みきった明るさから、次第に光源に近づくにつれてパッと大光明が輝きます。それは太陽の直射を受けた鏡の反射光が、パッと私たちの眼に入った時に感ずるように、画面一杯に輝きます。眼を射ぬくような大光明！　私は思わず両手で顔をおおい、その場に体を伏せてしまいました。

あまりにも強烈な大光明を受けた私は、両眼の視力を失ってしまったのではなかろうかと思いながら、恐る恐る指のすき間からのぞき見ますと、大光明は消えてもとの静けさに帰っています。しかし一瞬私の眼底に映じた大光明は、いつまでも私の網膜に焼きついて消えませんでした。

彼は、と見ますと、今迄何もなかったように冷静そのものです。

「今の大光明は大宇宙の光源のほんの一部を天体望遠鏡が捕えたにすぎないのです。大宇宙の光源は、地球から見る太陽の何万倍にあたるかわかりません。次は直接法により地球を観察して見ましょう。今この円盤は地球と金星の中間を飛んでおります」

といいながら、彼はしきりにダイヤルをまわすように調節をしておりましたが、調節を終えた彼は、私のかたわらの椅子に戻りながら話し出しました。

「今地球では微小物体を観察するには顕微鏡を用いますように、円盤の内部にいて、ある一定の部分のみの観察には、レンズに直接映像する、つまり顕微鏡で見るような方法を用います。それではまず第一に地球を捉えて観察してみましょう」

といい終らぬうちに、直径二米もあるレンズに地球が映りました。それは灰色をした野球のボールぐらいの大きさから、次第に大きくなって行きます。大きくなるにつれて何か黒ずんで光っておりますが、陸か海なのかハッキリとわかりません。大気を通しての地球は、私たちが地球儀で見るようなハッキリと判定のできるようなものでなく、なかなかわかりにくいものであります。次第に接近するかのように大きくなって行きます。

そのうちに焦点を地球の一点に集中しているように見えます。その一点がだんだん拡大されて行くようです。あっ、見えます見えます。一万五千米ぐらいの高度から見下したように、地上の山々や海岸線がハッキリと見受けられます。ああ、あれは日本列島であります。だんだんと接近して行きます。私は吸いこまれるように盤面に見入っていました。

「これはあなたたちの住む地球でも、あなたたちのよく知っている処です。宇宙人たちはこうして観察しているのであるということを、よく知っていただきたいためにお目にかけたのです。これから映るいろいろな場面は、現在のあなたの生活ととても関係の深い地方であります」

彼の話をききながら見いる盤面には、まるで百米ぐらいの上空を飛行するかのような光景が映し出されています。海岸線にそって動いて行きます。緑の美しい林。白い砂浜。うちよせる大波小波。小さな漁村。小さな湾。そこにけいりゅうされている漁船。道路とその両側の家々。ああ人が見えます。犬や鶏も見られます。次は海岸線に沿って黒く光る舗装された道路。そこを走る車、車の列。並木に見えかくれして走っている車、まるで箱庭を見るようであります。次に漁村が見えました。これはちょっと大きいです。市場もあり工場もあります。こうして幾つかの村々や町を見てまわり、そして最後に高度をあげて五、六百米ぐらいのところより海上を見渡しました。くもの子を散らしたように漁船が散在しております。その中を三千トンぐらいの貨物船が帰港するらしく、港の方向に一直線に波をきって走っております。また再び漁船が見られます。また別の貨物船が見られます。円盤内で観察していたなんだか私たちの住む東京湾の一片を見てまわったのではないかと思われます。円盤内で観察していることを忘れて、現地の上空を実際に飛行したかのような錯覚におそわれました。

パッと画面が消えて、はじめて私は円盤下層四階にある天体望遠鏡の前で、M氏と二人で並んで見ていたのに気づいたのでした。

「サァ、今日はこれで終りました。もとの室に帰りましょう」と彼にうながされて、私たちはもときたように、エレベーターに乗って休憩室にもどりました。

宇宙人は地球人の心の隅まで知っている

休憩室にもどる途中でいろいろな想念が私の脳裡を走り去ります。私たち地球人は、目に見えない想像を絶する世界から、四六時中見守られている。それも一挙手一投足の動きだけでなく、心の奥の奥まで見ぬかれているのではないだろうか等々……。「天は知る」の古言のごとくに、何百万キロの遠距離から、私たちがお互いに朝晩日常の会話をかわすような安易さで、見守りつづける宇宙人たちのあることに、私は今更のごとく驚きの目を見張るのでありました。

　私たち地球人のあまりにも幼稚な考え方が、恥ずかしくてたまらなくなってしまいます。人目さえなければ、誰も知るよしもないと思いこんで犯す過失の数々。その過失がたとえ取るに足らないことであっても「人目さえなければ」との想念で、私たち地球人の誰もがありがちな凡夫の常として、許されてきたのでありました。我々は聖人君子ではない、凡人だからそれであたりまえなのだ、という想念が、誰の心の中にも存在していたのでありましょう。それがいつの間にか社会の通念として、生活の根底の中に大きく横たわり、私たち地球人は知らぬ間に長い年月をその中で過してきたのではないでしょうか。

　そこで私は、私の心に想念が寸秒にひらめくその一瞬たりとも、その全内容を察知して、よく私に理解できるように話してくれたM氏との会話の数々のことを思い浮かべ、そして宇宙人は接近した基地から母船を飛ばし、円盤を飛ばして、何万とも知れぬ円盤を利用し、地球人類の想念のすべてを捕えて、それをよくよく知りぬいていることに私は気づきました。そして私たち地球人の想念の些細なことまでをキャッチして知っていながら、私にそのことを明かさなかったことは、もし明かせば私があまりにも恥ずかしい思いをするに違いないのを、宇宙人は十分に知っておったからでありましょう。

相手に恥をかかせない深い思いやりを知り、また相手に理解してほしいと親切心でやっても、それがかえって相手を困難な立場に追いやることは、大きな愛の心に反することを、宇宙人はよく知っているからであります。つまりたとえそのことが真理として善事として実行すべきことであっても、相手を困難な立場に追いやったとするならば、真理がまた愛行が、真理に逆らった執着《とらわれ》の想念、業想念の行為となることをよく知っているからであります。

私の心の奥々まで、別の言葉でいえば過去世から現在に到るまでのすべての出来事を、私の無意識層からなんなく引出して、すっかり知り尽している宇宙人たちの中で、私が今更何を秘することがありましょう。真裸になって、また板の上におかれた鯉のように、一切を宇宙人たちにまかせて、いかようにでも、と投げ出すより外にありません。そうと心に決めてしまいますと、大変気が楽になりました。

ちょっと疲れた私は、休憩室にもどりますと、安楽椅子に深々とかけてしまいました。

M氏は、と見ますと、なんの疲労を感ずる様子もなく落着き、そのままの動作の中にいい知れぬ温さが感じられます。私は思わず「天体望遠鏡ってなんと素晴しいものでしょうか」といってしまいました。

「今、お目にかけたのはごく一部でありまして、まだまだ多くの働きをするものなのです。いっぺんに教えられてもお困りになりましょうから、また次の機会にお教え致しましょう」といい終らぬ内に、「今日はあなたに取って大きな祝福される日となるかも知れません」と彼は言葉をつぎました。

「はい、今日は私の一生を通じ最大のよき日でありました。なんと感謝してよろしいかお礼の言葉もございません」

私が心よりのお礼を申し上げますと、彼は相変らず微笑しながら、左のほうに気を配っているような感じが致しました。その時、時計盤の型をした壁にかけてある計器の一部に、やや大きな光の点滅が感じられました。これを見た彼は、ニッコリしながら、

「これから機長に会いにゆきましょう」と席を立って歩きかけました。

機長は語る

機長は美しい女性だった

私は、初めから機長には会えないとばかり思いこんでしまっていたので、今、突然これから機長に会いにゆくとM氏にいわれて、全くとまどいましたが、ハイと素直に答えて、彼の後について歩き出しました。

通路に出て、階段を二階にあがりますと、以前通った反対側の室に出ました。彼が室の入口でボタンを押すと、音もなくドアーが開きました。

室は二十畳ぐらいありまして、扇のように先が広がっております。中央に長方形のテーブルがあります。テーブルには濃いグリーンのビロードのようなかなり厚い生地のテーブル掛けがかけてあります。

私は彼のすすめるままに、向う側の中央の椅子にかけました。すると、先に私と一緒に円盤にのりこみましたあと四人の宇宙人が入ってきました。いずれもニコニコとして私たちに会釈し、各自の席につきました。そのあと間もなく、黒いドレスを着た婦人とピンクとローズ色のドレスを着た三人の婦人が、室に入ってきました。ニコニコ笑いながら、室の男性たちは一斉に席を立って、三人の婦人を迎えました。

黒いドレスを着た婦人が機長であることが一見して感ぜられます。一米五十糎ぐらいの身長で、かなり長いドレスを着ておられます。髪も目も黒く、色はとても白い東洋人です。正真正銘の日本人であります。ちょっと丸味をおびた顔、髪を短かくかってありますが、ウエーブをかけたように柔かく波うっています。向いあいますと、急に明るくなったような感じを受けました。二十七、八才ぐらいかと思われますが、もっと若いかも知れません。あとの二人は二十三、四才に見えます。髪も身長も三人ともよくにておりますが、ドレスの色が違います。

私は円盤内で、このような婦人に出会うとは全く想像もできなかったのであります。なんだか急に話してみたくなりました。親しさ懐しさを感じますが、どこかに気高い気品が漂っています。

私と機長とが向いあいました。機長の右側にM氏と四人の宇宙人、左側に女性二人と男性の宇宙人が並びました。一同が着席すると、先の青年が入ってきて、各自にコップを一個づつ置いてゆきました。コップの中にはやや黄味をおびた液体が注がれてあります。一同が起立したまま、一瞬全く静寂そのものになった時、機長の静かな落着いた、れいろう玉のような声が室内に流れました。

「深き神様の愛に感謝し、祝福されたる地球の友のために、その使命の無事果されますように、地球世界の平和が一日も早くきますように、お祈り致します」

一同が瞑目してお祈りをする。一分五分十分、その一刻一刻は永遠の深さの中にあるようでありました。そのひとときの中で、私の霊眼に映った宇宙人たちは、利己的な想念など全くなくて透明に輝いて見えます。そうしてその人たちから発せられている波動が、波紋のように広がってゆきます。その波は黄白色に輝いて見えます。ふと眼を開いて見ますと、全く普通の人と変りありません。

お祈りが終って、一同が椅子にかけてしまうと、またもとの水を打ったような静けさにもどりました。

地球人が危険の中にいるのを見ていられない

その時機長は、静かなよく通る声で話しました。

「私たち宇宙人が、この円盤であなたをお迎えすることは、前々から神様よりお許しがあったのですが、今迄その機会が熟さず、今日ようやく長い間の希望が実現したのです。それで先程から現在のあなたに必要な円盤内部の模様をお目にかけたのですが、円盤の基本的な性能や大宇宙の概念について、大略はそれでおわかりになったことと思います。

私たちは、地球の友が一日も早く私たちを、そして神様を理解なさって、また人間の真の姿を知ることにおいて、私たちの親しい友だちの仲間に加わることのできる日を、いいえ以前の親しい仲間にもどることのできる日を、どれだけお待ちしていたかわかりません。そしてそれをお祈りつづけてまいりました。

現在もいろいろな機器や方法を用いて、つねに見守りつづけているのです。頑迷な地球の人たちは、勝手に頼みもせぬことを、というかも知れませんが、あなた方地球の人たちでも、幼い子供たちが遊びに夢中になって、自分たちが危険にさらされていることも知らずに、ゲームに熱中しているのを見た時、誰に頼まれなくとも、そのまま黙って見のがすことができるでございましょうか。

私たち宇宙人類は皆兄弟姉妹なのです。一つの大親様より分かれてきた兄弟なのですが、地球人類は分れ分れの途を歩いているうちに、自分たちの幸福を願うあまり、人類は皆兄弟同士であることを忘れてしまい、自分だけを守ろうという、自己保存の思いがだんだん強く濃くなって、次第に鈍重化し、現在のような状態を創り出してしまったのです。この大宇宙に散在する幾千億とも知れない星々の大部分には、いずれも人類が住んでいますが、進化の道程に従って、その生活内容が異なるのです。けれど星と星の人類同士の間で交流が行なわれるので、短所はおぎなわれ、お互いの長所が取りいれられて、それで進歩が早いのです。

それはどの星の人類でも兄弟同士であるということを、よく理解しているからなのです。その真理を理解できず、長い間宇宙の孤児として取り残されてきた地球人類も、大宇宙の人類の仲間入りができる日が近いのです。それは大神様のお許しが出て、地球や太陽系の他の星々を司どる親太陽が、他の親太陽へと移り変ったからなのです。

それでこうした祭司の星の移り変りとともに、地球上でもロケットの進歩で、地球の人たちの眼が宇宙に向いてきたのです。それは現象的な面で多くの人々の想念が変化しつつあるだけでなく、潜在意識の奥で祭司星の移り変りをよく知っているからなのです。それで私たちの働きが大きく浮かび上ってまいります。いろいろな形で私たちは働きかけます。長い間待ちに待った時期がまいったのです。それは夏の夕立のように、雨雲が低くたれ、今にも大粒の雨がサーッと降ってきそうな時に、ピカーッと光れば次の瞬間、天地を引裂くような巨大な雷鳴がとどろく、と誰しも思いますように、今地球上には、宇宙の新しい時代への夜明けの気、霊気がヒシヒシと感じられるのです。

その現れが、地球上の各地における円盤の活動を実際に見かける人が多くなったということで目立ってきます。その時に忘れてならない大切なことは、宇宙人と称する偽宇宙人の出現することです。それは自己想念の全く消えさっていない多くの地球人たちの、個我欲望の想念の中に入りこんで、宇宙人と称して、人々をほんろうする低い階層の生物が存在するということです。

宇宙人の活動はいよいよ激しくなる

私たちは、いかなる星の人々でも、現在ある環境を、そして何が最も大切であるかよく知っています。その環境こそその人の心の波動によって創られているもの、ということをよく存じているのです。奇異を望む心や、急に運命や環境が転換することを願うことなど、いずれも自我想念であって、それがかなえられたからといって満足できるものではありません。それで私たちは、人々が今ある境地を通して、真理が理解できることをつねに望んでいるのです。

地球世界のいずれの地に宇宙人が現われても、その国の言葉や風俗習慣を重んじます。それらの国の人々と同じような姿や言葉を用います。Ａの地に現われた宇宙人は、必ずＢの地にもそれと同様の姿で現われるものではありません。突飛な姿や行為でその地の人々を、真実の道に導けるものでもありません。その人たちの生活の中にすっかり溶けこんでこそ、初めてその人たちを導く準備ができるのです。

これからは、宇宙人たちの活動はいよいよ激しくなってまいります。それは地球の周辺に起りつつある変化とともに、地球人類が今迄より異なった波動を、より多く受けることになっているからなのです。つまり粗い大幅の波動に混じって、非常に微妙な波動を受けますと、今迄想像さえできなかった事態が起るのです。

それは科学の面、宗教の面、芸術の面、いろいろな社会を構成する組織の中から生まれてまいります。それは微妙な波動を感じて、それがなんらかの形で表現されてゆくからなのです。科学も飛躍し長足の進歩を致します。ですが、宇宙の進歩した星々の科学の片鱗を知らされる時、初めて地球科学のおくれと、根本的な概念となっていた論証法は、末稍的事物にとらわれていたということがわかってまいります。大宇宙の神秘として厚い扉の内側に閉ざされていた大宇宙科学が、次第に地球の科学者の手でもわかってまいります。科学者たちが見出したように見えていますが、実は宇宙人たちが、そうした天命をおびた人々の心の内に働いて指導してゆくのです。そこで宇宙科学の秘密を教えられた人こそ、地球上の最大の力の保有者となるのでございましょう」

その時私の脳裡に「地上の王者、絶対の権力者、最大の統治者」というような想念が走りました。

それを見てとった機長は、

「地上の王者でも絶対の権力者でもありません。それは誤りです。それは人類への最大の奉仕者です。深い高い人類愛の実践者であって、初めてその秘密が解かれるものであることを、私たち宇宙人はよく知っているのです。それまでに地球の人類は誤てる業想念から解放されることが第一です」

「それにはいったいどうすればいいのでしょう?」

世界平和の祈りの運動こそ唯一の提携場処

「人は皆神様から分れ分れて、生れ変りを繰り返すうちに、自己保存自己防衛の厚い殻の中にはまりこんでしまい、神様から分れてきた生命であることを忘れてしまいました。そして人間は陰と陽とが一対となって役目を果してゆくものですが、その相手の前に立たされても、それが一対となる相手であるということさえ見わけられない迄に盲《めし》い、退化堕落してしまったのです。
このような厚い業想念の殻から脱け出すには、ただ神様の御光の中に溶けこむより外に方法はございません。地球を見守っていらっしゃる神様のみ心は、地球世界の人類の平和を願う以外にござ
いません。人類の平和を願う心こそ私たちの心の波動と同じなのです。同じ波動の所には、私たちの活動がしやすくなるのです。こうした波動を持った人々が多く集《つど》って、一つの中心に向って統一する時、私たちの使命が果されてゆく唯一の場所となるのです。

地球人類の平和を祈る人々が次第に多くなり、各国各地に、多くの人々が集って、人類の平和を心よりお祈りできる時、地球人類に一大昇華が見られるのです。地球世界が素晴しい黄金時代に入る時です。そうしたお祈りの場から、使命をおびた人々の肉体を通して素晴しく進歩した星々の科学が、次第に解明されてまいります。地球人類が想像だにできなかった宇宙の科学が展開されてゆく時、その時こそ政治も宗教も芸術も科学も一つになって、一大光明の流れの中に溶けこんでしまうでしょう。それも古い掟、古い道義、誤てる観念が、古い革袋として用をなさなくなる一大進化の過程に起る現象で、決して危惧するようなことではなく、私たちを理解する人たちの手で、必ず必ずそれはなしとげられるものであることを、確信していただきたいのです。

地球世界に一大混乱が起るかのように見られますが、その中から素晴しい黄金時代の誕生が起るのです。

地球人類は遠い太古の自分の姿、神の子の姿を記憶の中から、無意識層の中から再発見することでございましょう。人間の真の姿を知る時、人種を越え、国境を越え、文化や宗教を越えて、人は皆分れ分れの道を歩んできたものの、同じ大神様から生まれてきた兄弟同士であったことを、真に知る時がまいります。兄弟同士が殺し合う戦争なんてどうしてする気になれましょう。お互い助け合い赦し合って、多くの人のために奉仕することに生きがいと幸福を感ずる時、素晴しい世界国家が生まれます。

生きるため、食べるために働かなければならず、働くためには争わなければならず、つねに闘争に明けくれしていた暗い過去の地球人類も、宇宙科学の発達によって生まれ変り、地球上に進歩した星の社会制度や新しい社会通念による社会機構が生まれ、取りわけ、科学の進歩は衣食住のために費す時間を十分の一に短縮し、残された大部分の時間は、人々の知識経験を深めるため、また創造されるためのものに使われるようになります。

それと人間の死は、旅行や引越しをするようなもので、旅行や引越ししたからといって、その人間の本質になんら変る処がないということが、本当に多くの人に理解されましょう。その時こそ人々は執着から解放されるでありましょう。生別死別、別離の悲しみは全く過去のものとなりましょう。

地球世界は、進歩した星々の仲間入りをして、透明に輝くような地上天国が誕生するのです。こうした輝く天国の誕生のさきがけとして、世界平和の祈りの運動が広まってまいります。

ある波動が働く時民衆の中から中心者が現われる

地球世界の末世的な暗黒の状態に陥ることをよく知っていらっしゃる大親神様は、いろいろな使命をおびた人々を各国各地におつかわしになって、業生の渦の中で、時期の来るのを待つようにご計画されていらっしゃるのです。その人たちは自分の使命を知る知らぬに関係なく、ある波動が地球世界に及ぶ時、忽然として現われて、その運動の中心者となって働くことでございましょう。ある波動が働く時、その人たちは会わずして、話さずして、その運動が、波動がこの暗黒におおわれた世界を救ってゆく唯一の道であることを知ります。そして自分たちの使命がなんであったかということを真に知る時、遼原の火の如く、その運動は世界に広がります。それに拍車をかけるように、円盤の活動が誰の眼にも見え、また会って話を聞くことのできる宇宙人たちの活動が活発となります。

こうした親神様のご計画が次第に地球人類に理解されてゆく時、個人の不幸も病気も貧乏もなくなります。それはいっぺんになくなるのではなく、除々に病気や不幸がその人たちの進化の段階として、段階を一歩一歩昇ってゆく時に起るテストであることを知る時、今ある境地から輝く世界を眺めることでございましょう。新しい勇気と希望をもってのぞむならば、知らぬ間に悪い環境は消え去ってゆくものです。

宇宙人は待っている

それにはただ地球世界の平和を祈ることです。それは親神様のみ心の中に帰ることでございます。そうすれば自分たち人間の真実の姿がみずからわかってくるのです。

今、地球世界の一角にその運動が起っています。その祈りの中では、私たちは大変な働きをしています。特定の人は知っていますが、今は多くの人々の眼にも見えず耳にも聞えません。しかし誰の目にも見え、その声が聞える時がまいります。

私たちは祝福された地球の友のために、なんの力をおしみましょうか。私たちの知恵と力のすべてを、地球の友のために投げ出す日の一日も早からんことを祈っていることを、くれぐれも地球のみなさんにお伝えいただきたいのでございます」

話し終えた機長の両眼が慈母のようにうるんだ時、私はせきを切った如く流れる涙を押し止どめ得なかったのであります。

M氏や他の宇宙人たちのいることをすっかり忘れてしまい、迷いに迷った迷い子が、母親の懐に帰りついたような温さが、私の全身を取り巻いて、いい現わすことのできない感激に、私はひたったのでありました。

ふと我に帰った時、機長は席の前に置かれてあった飲物をすすめて、自分もお飲みになりました。私も一口飲んでみますと、プーンとなんともいい知れぬ香りがして、果物の汁を精製されたもののように感じられました。

二口三口飲むうちに、すっかり気分が落着いて、さわやかな快活さを取りもどした時、先の青年が食事を運んできました。

宇宙人の食事

青年が運んできてくれたのは、丸い洋食皿のような食器に、白いやわらかいお粥のようなものが六分ぐらい入っております。それに銀製かと思われるスプーンがついています。

テーブルの上に並べ終るまで、誰一人として話す人はありませんが、かたくなって緊張するという風にも見受けられません。並べ終ると婦人機長が無言のままお祈りをされます。一同がそれに和してお祈りに入りました。瞑目から覚めた時、機長はごく低い声で「いただきます」といわれました。その声は今、親神様が目の前におられて、親神様に向っていわれたようで、感謝の念がひとりでに溢れ出てきたかのように感ぜられるのであります。

私もこうした宇宙人の皆様と倶に、神様に守られていることをヒシヒシと感じながら「いただきます」とお礼を申上げて、スプーンを取りました。ちょっと口に入れますと、オートミールのような味がしてとてもおいしく、柔かくて口の中をすべるように呑みこみました。二口三口知らぬ間にすっかり食べ終りました。ちょっと温いので顔がポーッと赤くなったように感じました。

食事中は誰も雑談したり、お皿やスプーンをガタつかせたりは致しませんが、なんともいい知れぬ会食時にある、特有のなごやかな雰囲気が溢れています。地上ではただ食欲本能が満たされてゆく喜びであるのに反し、宇宙人たちの食事は、愛念の交歓であり神様への感謝の喜びが溢れております。一言も口でいい交わさなくとも、相手の想念が手に取る如くに交換されてゆきます。「ああなんと素晴らしきことよ」と感嘆しながら見守る内に、ふと我に帰った時、行き先で迷っていた子供が、やっと我家に帰りつき、家族たちの一人一人から、いたわりと喜びのまなざしで見守られているかのような感じが、ヒシヒシと身にせまります。

さきにM氏から「今日はあなたにとって大きな祝福される日となるかも知れません」といわれた言葉を思い浮かべました。そうです。今私はこうして、多くの宇宙人たちの祝福を一身に受けているではありませんか。そして再び地上に帰る時、地上での天命が果されますようにとの愛念が、私の全身、いな魂の奥々までもひびきます。

金星のくだもの

私はこれにどう応えてよいか、感謝と喜びで胸が一杯になって、言葉が出ませんでした。その内に果物が運ばれてきました。濃茶色の果物鉢のような器が三カ所におかれました。その果物鉢は無地ではありますが、メノウのように半透明であります。果物は水蜜桃のような形で、りんごのような桃色をした物と、アンズのようで黄色いものや、よく熟した茶褐色のなつめの実によく似た三種類でありました。いずれも水々しく、今木からとって来たばかりと思われるような新鮮さでありまｓす。

その時M氏が話し出しました。「この果物は金星のものであります」といいながら私にすすめました。「金星にも果樹があるのですか」と思わず私は問い返えしました。するとM氏はちょっと笑いました。と同時に宇宙人たちの微笑が感ぜられました。先を争って話す人もなく、決りきったことを話すのに、互に相手に譲っているように思えます。M氏が話し出しました。

「勿論、地球の樹とよく似た木がたくさんあります。気候は、地球での温帯地方のような状態で、四季はございますが、地球の温暖な地方の四季と同じようで、冬でも三寒四温を繰り返しておりますす。台風や雨期や乾天続きなど、全くございません。よく地球では自然の暴威ということをいいますが、本当に大自然の大神様の懐に抱かれているとするならば、暴威等ということがあり得ましょうか。もしそれがあるとするならば、自己の本質を忘却したところから生じた業想念が累積されると、やがてそれは自然にくずれて大きな不幸を巻き起すのです。それを親神様はすでに知っておられて、未然に防ごうとしてとり除かれた形が、台風や洪水となって現われたのでありましょう。けれど金星にはそのような業想念の累積などというものはございません」

「金星ってなんて素晴しい星でしょう」

「地球でも、世界人類が平和になって、真に調和が満ちて来て地上に天国が生まれると、金星のようになります」

「うらやましいです。一度金星に行って見たいものです」

その時機長が「金星や円盤の基地は、次にご案内することになりましょう。さあ果物はいかが、どうぞ召上がれ」といいました。

「ハイ私は果物が大好きなのでよろこんでいただきます」

私は果物鉢から桃のようなものを取出し、ナイフで四つに割りますと、中はりんごのようで、白くて大豆ぐらいの黄味を帯びた種がありました。一口食べて見ますとデリシャスのような味であります。二口三口食べているうちに「どうして保存されているのか」と思いました。

それを知ってかM氏が話してくれました。

「今地球上で使っている冷蔵庫のような保存室があります。食用植物（野菜）や果物など変質して困るものは、このような室に入れます。それには特殊な波動の電磁波が、絶えず放射されていますので、ある期間は新鮮なままで保たれます」

宇宙人の食事

「食事はどんなものをお取りになりますか」

「私たちは、地球人のように肉食は致しません。それでいて地球人のような短命ではございません。穀物や果物や野菜などが主なのです。そしてお料理の方法が全く違います。地球では温度の変化によって組織の変質移行を求めますが、私たちは波動を変えることで、その物の組織の内容に変化を求めるのが料理の基本となっています。火力の代りに電磁波を用いるのです」と婦人機長が答えました。

「私たち円盤内での生活は、皆様が同じお食事を致しますが、星（金星）に帰りますと、皆それぞれの家庭がありますから、家々に合ったお料理を致します」とローズ色のドレスを着た婦人は話してくれました。

「宇宙人は皆同じ食事をするのかと思っておりました」と私がいいますと、ピンク色のドレスを着た婦人はホホホーと笑いながら、

「そのような杓子定規の枠にはまったような生活ではございませんのよ。家庭では、女の人はいつも生活内容に創意工夫をこらし、絶えず自分を磨いて向上進歩をはかっておりますのよ」

「機長さんだって二人の青年のお母様ですのよ。ご主人さんは都市計画の技師で、機長さんは宇

宙磁波の研究では秀れた学識とご経験をお持ちになっていらっしゃるのよ」ローズドレスの婦人が教えてくれました。

金星での教育とその制度

「金星では子弟の教育や制度はどんなでしょうか?」

機長さんが答えて下さいました。

「地球での教育制度とよく似ています。ただ教育は個人でなく国家がするのです。その人その人の個性を伸ばすために、幾つも段階を経て昇ってゆきます。たとえば幼年、少年、青年、天性教育といったように分れます。今地球で使用されているテレビは、テレビ放送局から放送される以外のものは、映像として文字として見ることはできませんが、金星では簡単に各自の好きなものを、レコードをかけるように見たりきいたりできますので、教育には人々の能力に応じて、そして理解が進むにつれて、課題(映像)が変えられるようにできています。宿題や試験の結果でないと生徒の能力がわからないというような不便はございません。その場で理解の程度がわかります。困難な場合には別にいろいろな方法を取ります。これが教育の主体となっています。地球での教育のような画一的な方法は致しません。どこ迄もその人の天命を重んじます。そこで優劣ができるように思われますが、いえ、地球での見方を致しますなら、大変な差が生まれます。それは優劣でなく、その人その人の天命の果されてゆくための顕れであることをよく知っておりますので、そこになんの不思議も感じません。

地球の哲学者が、人生は劇であるといいましたが、殿様やお姫様だけで劇が成立ちましょうか。いろいろな役を持った人が集まって、初めてその劇が成立ちます。それと同じように、その役がつまり天命がなんであろうと、与えられた役目が果されますように、と一生懸命努力することこそ、神様のみ心に一番かなうものなのであり、天命を通してこそ、そこにその人の魂の昇華が見られることを、私たちはよく理解しております。

地球世界でよくあるそねみ、ねたみ、憎しみ、悲しみ、うらみ等のような業想念は、全く見られず、天真爛漫のうちに成長するのです。

なお宇宙人たちは、つねに天性教育を受けます。そして知識経験を深めてゆきます。その一つの現れが母船や円盤に乗って、他の星々を見て廻り、また他の星での生活をすることによって、長所や短所を知る経験を通し、自分を磨いてゆきます。

また特定の人は、ずい分遠方の星にゆき、優れた科学や技術を身につけて、金星や自分たちの星々の社会の進歩向上のために貢献しておられます」

「それでは地球での入学のために起る試験地獄というようなことはございませんね」

「人は誰でもその人の果す役目が決まっております。決まっていながら、その中で人間各自の自由が認められております。自由がないとするならば、あまりにも宿命的であり、伸びのびとしたおおらかさ明るさがなくなります。そうした中で、最高度の天命がどうして果されましょうか。金星人は各自の天命をよく知っておりますから、無理な道に進もうとするような人もいないし、また試験の結果だけによって、進学を決定するような天命を無視した方法は取っておりません。つまり理解の程度に従って絶えず進学をしてゆくものなのです」

「円盤内での水はどんな方法で保たれますか?」

「円盤内での水は、ある程度つねに保蓄されていますが、必要に応じて造ります」今度は機械のエキスパートの男性が教えてくれました。

「調理や乗員の日常生活に使用される水や、使用後の取扱いはどうでしょうか?」

「円盤内での調理には、電磁波によって、波動分離の方法を用いますので、水洗いの代りに特殊な電磁波洗滌を用います。それと不必要な物は分解還元します。ちょうど地球での塵介物を焼却するように、電磁波で分解すれば、もとの元素にかえります。焼却すれば影も形もなくなり大気中に放散されるのと同じであります」

金星の人口

「金星の人口は地球のどのくらいにあたりましょうか?」

M氏がこの問に答えてくれました。

「おおよそ地球の二十分の一のようであります。宇宙人(金星人)は地球人よりもズウーと長寿ですし、また地球人のようにたくさんは生まれません。子供が多くて、そのために苦しむというようなことはございません」

「金星には病気や不幸はないのでありましょうか？」

「病気や不幸は地球人のような形とは本質的に異なります。厚い業生の殻の中で起こる幸不幸は、それ自体が根本的に相違した誤てる観念の結果としての現れであって、現れだけを見てとって、幸不幸を断ずることはあまりにも近視眼的であります。それはあたかも氷山の一角を見て、それが全体であると誤って見ているようなもので、その見えざる所に在るものが、真実の氷山の姿であることを、宇宙人たちはよく知っております。

人類の進化成長の過程として、いろいろな変化はございますが、地球上の不幸は執着から、間違った考えから起るもので、成長への段階、進化の段階として、地球世界によくにたことは起りますが、悲しさ苦しさ等のようなひびきをかもし出すことはありません。最も自然な姿で成長進化が行われてゆくのです」

宇宙の孤児はほかにも存在するか

「大宇宙の中にいろいろな星があろうと思いますが、地球のような宇宙の孤児と見られている星の他には、どんなものがありましょう？」

機長さんが話されます。

「幾千億とも知られない大宇宙に散在する星の内には、遠く私たちの知ることもできない高い進化の過程にあって、素晴しい叡智と力とをもち、その天命のもとに活動している星や、また生まれたばかりの幼い星に至る迄ちょっと表現できないまでの無数の段階があるのです。こうして話しているこの一時にも、新しい星が生まれてゆき、また天命を終えて消えてゆく星もあります。一刻一瞬たりとも停止することなく運行進化を遂げつつあるのが、大宇宙の実体なのです。

それで、地球よりも進化の遅れた星のあることはおわかりのことと思いますが、進化の過程に従って、精神と科学が必ずしも一致しているものではありません。ある星は科学的には進歩をしていますが、精神面には極めて低い場合もあります。それと反対に高い精神面を持ちながら低い科学の星もあります。

地球は宇宙の孤児、という表現は、ぽつんと取残されているというような意味ではなく、大宇宙のあり方が理解できず、星々との交信や交通ができない状態を表現したに過ぎないのです。でもそれは時間の問題で、今に花開く想像に絶する天地がパッと展開されてゆきます」

機長のお話を聞いているうちに、私にはいい知れぬ喜びと希望が湧いてまいります。ふと機長の横顔に眼がいった時、その眉毛、鼻、口もと、ちょっと丸味を帯びた顔の輪かく、波打つ黒髪から受ける感じは、全く理智が躍動し続けているかのようであります。なんという力強さ、はち切れそうな若さ、バレリーナを想像させる四肢。これが二人の青年のお母さんであろうとは、ちょっと考えられませんでしたが、透明なように白い皮膚、温い瞳で絶えず見守る眼からは、母親ならではの慈愛を感ずるのでありました。

黒いドレスはデシンのような薄い生地で、平織でなくちりめんのような織り方に見受けられました。衿元から白いナイロン生地のような刺しゅうをした丸衿が見え、それが黒地に白の対照として鮮かに映えます。また衿止めの所に止めてある、大豆ぐらいの宝石が美しく青白く光っています。サファイヤのように見受けましたが、話される毎にゆれて、光がいろいろな色に変化します。

袖は七分で、バンドは三糎ぐらい、ドレスと同じ色をしております。織物でもなし、革製でもございませんが、ナイロンを想像するようなもので、前の止め金の所は半透明なメノウのようなものでできております。四角でありましたがローズ婦人やピンク婦人のは丸型で数個の宝石が輝いていました。

スカートはタイトでも大きなフレーヤーでもなく、ごく自然に少し波打っています。白魚を偲ばすような手には、指輪など全く見当りませんでした。顔には白粉やその他の化粧品を念入りにぬったような風も見られず、全く美しい素顔には化粧など不必要に感じられます。

天命を知っている宇宙人

宇宙人たちの中で誰一人煙草を吸うものもありません。男も女も渾然と一体となって一つの中心に溶けこんでいる様子が感ぜられます。その中で天命による叡智の差が、その人々の段階を表現しているのではないかと感じられます。

天命を知って人事を尽している姿とは、このような姿をいったのではないかとの想念が私の脳裡を走ります。そしてこのような世界にこのままズウーッと働くことができたなら、どれだけ幸かも知れないと思った時、心の奥から「自分の天命を知れ！」との声が聞こえました。

ああそうです。私は地球の多くの人々のためにできるだけ早く、くわしく、このことを伝えなればならないことに気づきました。それと同時に円盤内に案内されて、いろいろと見たりまた教えられたりしたことが、奔流のごとくに私の脳裡を流れます。それで一刻も早く地球に帰って人々に話したい衝動にかられました。

入口の計器の一部に、光の輪が点滅したと同時に、下に降りながら消えゆくのが見受けられました。機長が口を開きました。

「円盤が地球に近づき、お別れの時間がまいりました。この次には円盤の基地をご案内致します」

「それはいつでしょうか？」

「テレパシーでお知らせ致します。近い内にですね」と付け加えられました。

地球に帰り着く

入口の計器の光の輪がハタと消えた時、宇宙人たちは一斉にそのほうを見ました。円盤が地球に到着したことは申すまでもなく感じられます。全くなんの衝撃もなくそのままであります。

私はなんだか急に名残り惜しい気持で胸一杯になりました。

「到着しました、お別れですね」といいながら機長が席を立ちますと、皆も一斉に席を立ちました。

私は皆様に厚くお礼申上げ、深く頭を垂れ、厚い感謝感激の意を表しました。

頭を上げますと、M氏が先に立って案内をしてくれます。室を出る時、ふり返りますと、機長を初め宇宙人の皆様の祝福を一身に受けていることがヒシヒシと感ぜられます。眼がしらがジーンと熱くなって、私は再び頭を下げてお礼をし、室を出ました。M氏が廊下を二、三歩先に歩いています。私はちょっと急いで後からついてゆきました。エレベーターにも乗らず、廊下と階段を廻りながら、出口の通路にまいりますと、音もなく出口の扉が開き、初めて地上の風景が私の眼に入りました。初夏の緑が青々として、眼にいたいように感じられます。先に円盤から降りた彼は、サッサと歩いて道場のほうにまいります。五、六十米ぐらいも歩いたと思われた時、彼は立ち止りました。

「これでお別れします。また近い内にお目にかかれるでしょう」

私は胸が一杯になって声が出ませんでした。頭を幾度も下げてお礼申上げました。

彼は円盤へと引返しました。私はその場に立って見送りました。途中彼は二回ほどふりかえりました。また円盤の入口に立って私をかえりみて、ちょっと手を振りましたが、そのまま扉の中に入ってしまいました。

ピカリと閃光が眼に入ってきたので、無意識に眼を閉じ、ふと見ると、そこにはもう円盤はなく、風もないのに草や畑の作物がゆれております。空を見上げますと小さな円盤が見えましたが、一瞬の内に消えてしまいました。

円盤が去った後をぼう然と見送っている私にかえった時、それは聖ヶ丘での統一中の私であり、皆様とともに世界平和のお祈りをしている私であったのです。

Ⅱ　超科学の基地

おうし座カニ星雲

再び円盤に乗る

円盤基地の見学

円盤基地の模様でありますが、大きく分けまして、三つの部類となります。(1)天然基地。これは天然の山岳を利用して作られた中型機の基地と格納庫の種々。(2)人工基地、最も素晴しく精巧に作られている基地群であります。中小型母船から各種円盤に至る迄、いろいろな円盤が収容できるようになっております。直径十数キロもある尨大なものです。(3)天然人工基地。天然の山岳の中腹に基地用の洞窟を作り、大型母船の収容格納をしております。

これらの三大基地の模様と地形や風物、特に基地内部設備機器についてできるだけ精密に、観察したままを書いて見たいと思います。また特に円盤の機長や婦人たちの明朗活達さ、理智と健康とが溢れんばかりにみなぎり、打てば響くような雰囲気のただよう姿、透明のごとくに輝く美しさ等、私は思い浮かべるたびに無理とは知りながら、一度絵に書くことが出来たら、どれだけ多くの人々に理解されやすいものを、との想念にかられるのであります。

機長のご主人の、都市設計技師のお仕事の内容について、特別機（性能の特に優秀な円盤）を利用して、素晴しい進歩した随分と遠い星に迄も飛行して学ばれる事柄等について、種々と書いてみたいと思いますが、それは次の機会にゆずることに致します。

聖ヶ丘上空を飛ぶ円盤群

昭和三十四年九月上旬でありました。夕日が聖ヶ丘の西の森に没しようとして、散りゆく雲を紅に染めて、大空の雄大さと神秘を私たちに大きく呼びかけているようでありました。見る見る内に変化し、現われては消え、消えてゆくかと思えば次にはまた違った形で現われ、その変転きわまりない大空を眺めていると、私たち地上の人の世の今在る姿のように見えます。夕日の没する時、紅の雲も天女の舞のような美しき大空の風景も、後かたもなく消えてもとの静けさに帰ります。

神秘的な夕暮の大空は、仰ぐ私たちに真理を教えつつあるかのように感じられます。明日は暁のお祈りのある日であります。聖ヶ丘で一泊して、昇る朝日と共に五井先生のご指導のもとに、世界平和のお祈りをするのであります。私は夕焼けの空を背にして、聖ヶ丘の道場へと足を急がせました。

雨上りの畑には、三々五々、人の姿が見受けられます。つい先頃まで盛りだった畑のトマトの木も、大部分が枯れて、その中に残りの小さな赤いトマトが見えます。大根が青い芽を吹き出すのも、間もないことでありましょう。

私は鎮守の宮の大木の茂った葉の下を通りぬけて、一路道場へと歩くうちに、何かお宮の木が気になって振りかえりました。その時紅に映える雲間から顔を出して沈みゆく太陽の横を、三機の円盤が飛んでゆくのを見ました。右から左に水平飛行を続けていた円盤は三機雁行の形で飛んでゆき、間もなく雲間に姿を消してしまいました。その消えた後を見ておりますとまた一機が、三十五度ぐらいの角度で急に上昇したかと思いますと、水平飛行に変り、そして雲間に姿を消してしまいました。

やがて道は下りながら林に入り、そして林を通り抜けてお山に登った時は、すでに夕日は沈んでおりましたが、残照に染まった大空には、幾機とも知れぬ円盤が飛んでいるのがハッキリ見えました。この聖ヶ丘上空には絶えず円盤が飛行しております。それは人間の可視界以外の階層（波動）で飛行しているので、現在の段階では一般の人々には見えませんが、これも次第に誰にも見られるようになりましょう。

私は第一回の円盤同乗中に機長から、基地を案内すると約束されていたことを思い出しました。思い出しながら明朝は円盤が着陸して、基地へ案内していただけるかも知れないとの想念が、私の脳裡をかけめぐります。とまた一方に、それを期待してはいけない、という想念が湧き上ります。その時すぐ、私はつねに守護霊様たちに守られている、そして宇宙人たちにも見守られ続けている、だから必要な時機には必ず必要に応じて教えられるものであると、常々五井先生から教えられていることに気付きました。明日、教えられ、また何か見せられるかどうか、それは私の知り得ることでない。すべては向う様がご計画通りになさることであります。私がすすんで知りたいと思ってみても、ただそれはこちらが思うだけであって、私たちの自我想念で、どうにかなるというものではありません。

深く高い宇宙の神秘の数々は、小我の想いがあるままで教えられまた体得できるものではありません。それは個我や個我のもつ執着やその他肉体人間のいろいろな想念を超えたところより現われてくるものです。地球人類がそういった粗い波動を持ったままでは、宇宙人たちのもつ否《いな》かもし出す微妙な波動とはあまりに波長が異なりますので、調和できるものではありません。そこで宇宙人たちの波動と私たちの波動が合った時こそ、初めていろいろと教えられ、また体験してゆくものであることを、私は私の体験を通して教えられたのであります。

ラジオやテレビ受像機がダイヤルを放送局の波長に合せた時、その局の放送が見られまた聞かれるものであることは、誰もが常識として知っていることでありますが、こと円盤や宇宙人の問題になりますと、その結果だけを全体として見て、求めようとするむきが多いのであります。

円盤や宇宙人を受け入れる根本条件

週刊東京（S34年12月19日号）に円盤関係の記事で、私の発表の一部が書かれておりましたが、その後全国からいろいろな照会や質問を受けました。そして熱心な研究家がたくさんおられることを心強く思いました。全国からのお手紙をよみながら、地球人間の想念波動を変えることが第一の基本条件であることを、多くの人は知らない、それでただ結果だけを求めようとしている、ということを感じました。

円盤が諸所に現われ、人々の関心をひいたことは、素晴しい宇宙科学が地球世界に伝えられようとして、現象界の粗い波動に混じって微妙な波動を強く働きかけたからであります。その波動を直接感じたり、またその波動の一部が現われようとしていろいろな形となって、現象的にも人の心の奥にも様々な変化を起させておりますが、これらはいずれも微妙なる波動、宇宙科学の一端の現れに過ぎないのでありまして、宇宙科学の受取り方の根本は、波動の浄化、想念の昇華を求める以外にありません。それでその波動の浄化、想念の昇華を求めるにはどうしたらよいかということですが、それは私たちがいつも行っております世界平和の祈りを祈ることであります。なぜなら世界平和の祈りこそ、円盤や宇宙人たちの住む世界の波動と同じにまで、私たちの波動を浄化し昇華させるからであります。

多くの人々がこの祈り言に和して行ずる時、そこに素晴しい波動の場が生まれるのであります。その場に円盤や宇宙人たちが働くのです。その時現象界の私たちの姿や形と少しも変ることなく、宇宙人をこの肉眼で見られ、その声を肉声となんら異なることなく、誰もが耳に聞きとることができるでありましょう。

要は、波動を変えることが根本であり、その変える方法としては世界平和を祈る以外に何物もないことを、多くの人々に知っていただきたいのであります。

宇宙の友達を迎える

聖ヶ丘の上空は、次第に夜の眠りから醒めようとして、時々刻々に変化してゆきます。五井先生を中心として、私たちは明けゆく東の空を迎えながら、世界平和のお祈りに入りました。例の如く斎藤氏の世界平和のお祈りの言葉の終らぬ内に、私たちは深い統一に入ってしまいました。

聖ヶ丘は小高くなっております。未だ明けやらぬ東の空あたりは薄暗くなっておりますが、私たちが統一に入りますと、早や太陽が昇ったのではないかと思われる程、急に明るくなってまいります。そして次第にその光が強くなり、真夏の太陽の直射光よりも強く輝いてまいります。その時の私たちは、完全に肉体を離脱して無礙光の中に溶けこんでしまいます。そうしますと、自分という意識（個我）が次第に消え、それに代り太陽の如く輝く光体、光源の中に吸いこまれるように入ってゆきます。パッとその光源に激突したかと思う瞬間、私は無限の彼方に放射されてゆく光波（光体）と一つになって、どこ迄も広がってゆくのを感じます。いったいどこ迄広がってゆくものかわかりません。その時私の意識のとどく世界までと感じられます。まさに光光、光一色の世界であります。何もありません。なんと表現してよいか形容する言葉もありません。

フーと意識が遠くなってしまいました。幾秒か何分かわかりません。私は聖ヶ丘の道場の前に立って、高く昇った朝日の輝く光を身に浴びながら大空に向って呼びかけております。なつかしき父母を迎えるように、親しい宇宙の友を迎えようとしています。姿や言葉を介さずとも、宇宙人たちの接近する波動をヒシヒシと感ずるからであります。それは来るであろうというような漠然たるものでなく、確定事実で、決まった時刻を待つのと同じなのであります。

中型円盤聖ヶ丘に着陸

九月の太陽は頭上に輝いております。ふと太陽を見上げ、その光を横ぎる小さな物体を見出した時、円盤が降りて来たことを直感致しました。第一回の時のように胸がどきどきするようなこともなく平静に飛び去った後を見守っておりますと、予期せぬ後のほうから、突然迫る巨大なる物体が目に入りました。ハッと思った瞬間、円盤は地上に着陸しておりました。

全く一瞬の間の出現であります。それは先般同乗を許された中型機でありました。特徴のあるひさし、そのひさしから強力な電磁波を放射しているとは、ちょっと想像もできません。ちょっと傾斜した畑に、浮かぶように水平に機体を保っている姿は、立派というような表現より堂々たる巨体と申上げたほうが適切ではないかと思われます。光線のかげんか、今日は一番高い所のレーダーのような宇宙波受波機がきらきらと光って見えます。私はすぐに接近せず、静かに見守りながらゆっくりと歩いて近づきました。それは電磁波の働きを知っているからです。つまり円盤着陸と同時に電磁波は最少限度に弱められ、出入口の方向に働く電磁波は全く停止させられていることを知っているからであります。

私が十米も歩いたかと思われる時、道場に向った方向のドアが音もなく開きました。それと同時に三段の階段があるタラップが下されました。それが全く同時に行なわれます。M氏がまず現われ、足もとを見ながら階段を降り、飛び降りるかっこうで地上に立ったと同時に彼の笑顔が私の眼に入りました。茶褐色の飛行服、半長靴のような靴、ちょっとやせた体躯、特徴のある面長な顔、私はなつかしさが一時に爆発したかのように、なんといったかわかりません。なんだか口いっぱい叫びながら右手を高く上げて振って見せました。

M氏も右手をふりながら、急いでこちらへ近づいてきました。三十米、二十米、どちらともなく二人がかけ寄ってしまいました。私の差し出す手、彼の受ける手、固い握手が交された時、涙が理由もなく私の頬を流れてきました。

いろいろと話したいことがありましたが、会って見ると嬉しさで、そんな想いはいっぺんに吹き飛んでしまいました。

「皆様が円盤でお待ちしています」と静かなもの柔かい口調で彼がいいました。

「ハァ、有難うございます」と私は答えただけで、後の言葉が出ませんでした。それが私の宇宙人の皆様に対する精一杯の感謝の表現です。

二人は肩を並べて歩き出しました。彼も私も話さなくとも、二人の心は電光の如くに交流され、理解されてゆきます。再会の嬉しさで足が地についているのがわかりません。円盤に近づきますと強力な電磁波を感じます。手足がしびれるような強い波動を感じました。最少限度の弱波として、直射をさけていても、なおかつこのような波動を感ずるのは、前回とは異なっておりました。

再び円盤にのる

円盤に近づくや彼が先に立って歩きます。タラップを上って機内に入ったとたんに、扉が閉りました。円盤内は全くの別天地であります。あの強く感じた電磁波も、太陽の明るさも、その他地上の一切のものは遮断されて、円盤は一つの天地を作っているかのように感じられます。以前通ったままの廊下、いい知れぬ親しさが胸にせまります。中程から階段を昇り第三層のある室の前に止りました。彼はちょっと私をかえり見ながら「この室に記憶がありますか」と私に問いかけました。

「素晴しい天体図のある室ではないでしょうか」

「そうです」と答えながら彼がボタンを押しますと、音もなく扉が開きました。豪華な安楽椅子は前と少しも変りありません。

「サアおかけなさい」と私に椅子をすすめながら彼もかけました。

腰かけてみて、さア何から話してよいやらわからなくなってしまいました。波動を逐次下げてゆく方法や、水晶球と操縦者の心波との関係や、天体望遠鏡の性能やいろいろな計器の性能や機構等、円盤だけでも数え切れない程ききたい点を持っていたのです。また大宇宙の神秘の数々、星々の実体等の解明など私の脳裡を走馬灯の如くにかけめぐります。M氏は柔かい瞳で私を見つめています。その瞳の中には――よしよしあなたの知りたいことはわかっています。それは、あなたの必要に応じて逐次教えて上げますよ。あなたの気持を私は十分心得ております。そのようにせかなくてもよいですよ――と目で答えてくれました。答え終るとその整った顔をにっこりほころばせました。私も彼の微笑につられて笑ってしまいました。

笑っている内に、固くなっていた私の心はいつとはなしにほぐされて、いつもの平凡な忘れっぽい自分にかえってしまっていました。そして物静かで柔かいM氏の雰囲気の中にすっかりとけ込んで、一つになってゆくのでありました。

このとき彼が話し出しました。

「先日の機長さんとのお約束のことは覚えておられますか?」

「お別れしたその後、ズウーッと思いつづけて来ました。今日はお山へ上る時から、必ず迎えに来ていただけることを確信しておりました」

テレパシーについて

「それは私たちが円盤からあなたにテレパシーでお知らせしていたからです」

「それで私は、今日必ずお会いできると思えたのでしょうね。今後もこのようなテレパシーでお教えいただけるでしょうか?」

「私たち宇宙人に波長を合されたなら、いつでもあなたの心波に感ずることができると思います。それであなたの求めていることは、必要ならば即座に解決されましょう。それは私たちがこちらから信号や言葉で教えるのではなく、あなたの心の波の中に、私たちの送った微妙な波動が混じってゆきます。それはちょうどあなたの心の泉から湧き上る清水のように、最も自然な方法で伝達してゆくものですから、受けた本人は受けたことに気付かず、ただなんだかムズムズするような衝動にかられ、夢中になって書いたり話したり、また行なってゆくものです。

それを受けたことに気づくならば、仮りに今地球上にある電話の如く、受けたことを更に頭で考えて人に伝えねばなりません。そしてその伝え方や方法が、正しかったか誤っていたかをも判断して行動するとなると、なんだかぎこちないものとなってしまいます。それで相手の心波に感応して、理解できる方法を取っております。今後もそうです」

「私たちがふだん何気なしに書いたり話したりした後で、自分で行なったことや話したことなどを省みて、なんと素晴しいなと思える時、うぬぼれでなし心よりそう思いこめる時がありますが、その時はあなた方宇宙人が本人の知らぬ間に、特有の波動を送り、心に変化を与えて下さったのですね。なんて素晴しい指導方法でございましょうね。このような指導方法が地球上の人々にでも行えないものでしょうか?」

「地球上の多くの人々は、自分自身の発する粗い波動のために、私たちの微妙な波動を消してしまいます。それで何も感じなくなるのです。私たちは、地球上の人々を絶えず見守り続けます。そして機会のある度毎に、これを導こうとして努力しておりますが、地球人たちは私たちを知ろうともしません。また私たちの存在を知っている人でもごくわずかであります。これが現在の地球上の人類の実態なのでありましょう。

このような粗い波動の中では、地球上の人同士がテレパシーを完全に行うことは大変むずかしいことと思います。ですが粗い波動は、粗い波動同士でお互いに感応してゆくものです」

私はこうしてM氏と会話を重ねていますと、円盤に乗っていることすら忘れて、静かな山荘の一室にでもいるかのような感じであります。ふとかたわらの計器に目がとまりました。それは絶えず動いております。それは刻々と移りゆく円盤の四囲また円盤内の状態を表現しているようであります。それに気をとられている私を知ってか、

「円盤は地球を離れております」

といいながら、彼は椅子から立って、室の奥のほうへとゆきます。私も思わず後からついてゆきました。天体図を左右に見ながら、五、六歩もゆきますと、天井に傾斜が見られます。彼がボタンに手をふれたかと思った時、突然傾斜した天井の一部に、直径五十糎もあろうと思われる窓が浮かぶように現われました。と同時に外の明るさが、そして円盤が雲海上を飛行してゆく状態がよくわかりました。雲が一斉に流れる如く、後へ後へと飛んでゆきます。パッと目の前に大きな雲塊が覆いかぶさるように迫ったかと思った瞬間、美しい雲海は消えてしまいました。

円盤の窓と星々の生活の関係

「地球圏を飛行中ですね。これは性能の優れたジェット機で飛んでいるのと同じであります。ジェット機の場合には、故障や燃料が尽きた時には落ちてしまいますが、円盤にはそのようなことが

ございませんし、またそのようなことを考える宇宙人もいません」

「この中型機の中に、このような窓がかくされているとは知りませんでした。地上で見る円盤の中に、窓のあるのと、全く窓の見当らないのがありますが、なぜ違いますのでしょうか?」

「窓の形が外側から見られるのと、全く見られないのとは、いずれも同じなのです。内部構造にはたいして変りはございません。見えても見えなくても、必要なものは必ず備えつけてあります。

星々によって、宇宙人たちの生活様式が必ず同一とはいえません。それはその星によって、持つ天命つまり天体上の位置軌道が定っておりますように、その星の特異性をよく利用して生活環境を創っております。例えば水星や金星の住宅は、丸い円筒のような建物が多いのです。地球上での蒙古地方にある苞のようなかっこうをしております。外見は窓など全く見当りませんが、内部からは必要に応じていつでも見通せるようにできております。こうした星で創られた円盤には窓はございません。その星の生活様式が円盤に取り入れられているものです。同じ円筒型でも、全体は丸くなっておりますが、その一部一部には、地球でのビルディングのような様式を多く用いている星などもあります。この様式には素晴しい尨大な建物が多いのであります。これらの星で製造された円盤や母船は、窓が外からでもよくわかるようになっております」

「なる程よくわかりました。窓一つにつきましても、このように星々との深い関連があるのには驚きました」

と感嘆しながら、私は円盤と星の関連に、いい知れぬ深さを感じたのでありました。

円盤の窓と星々との関係を話し終えた彼が、かたわらのボタンを押すと、窓はまたもとの天井の一部となってしまいました。これでは内部を見渡しただけで、理解できるものでないことを知りました。

ボタン一個に秘められる叡智への鍵

またもとの椅子に戻ると、例の物静かな口調で彼はなおも話を続けます。

「円盤内の機器や計器の機構や性能については、一覧しただけで理解できるものでもありません。目で知り理解する範囲よりも、あの働きを体験し、その結果を通して、現れ方の論理とその方法の精巧緻密さを、その衝《しょう》に当って初めて知ることができるのであります。誰の目にも止らない一ヶのボタンにも、深い叡智への鍵が蔵されています。そういうことは見ただけでどうして理解することができ得ましょうか。

円盤の乗組員たちは、いずれも深い知識と長い体験との保有者ばかりであります。みな一人一人一つ一つの部署を受持って経験を深めてゆきます。一つの部署を体得し終ると、次のむずかしい部署に移ります。初めは、その人に必要な度毎に機長の指令がまいります。ちょうどそれは機長と二人で、与えられた部署にいるかのようでありますが、だんだんと理解が深まるにつれて、機長はただ後のほうで見守っておられるだけであります。

それは機長の前の三ヶの受像板で、各階層のどの部署でも自由に見られるようにできておりますから、操縦桿を握りながら円盤全体を完全に掌握することができるのであります。

乗組員は或る期間、基地や星々で基礎訓練の教育を受けます。それを終えて各種円盤や母船に配属されますが、大中小各種円盤や目的を異にする母船等、皆その機器や性能に応じて教育を受けます」

乗組員と収容人数

「一人前になるには何年位かかるものでしょうか」

「人にはその人の果たす天命があります。天命によって、果すべき役割がおのずから定まっております。一人前という表現は、地球世界における劃一的な人間の見方で、ある一線を指すものと思いますが、何かの基準を定め、これに達した人は一人前と見る方法はあまり正しいとは申されません。

円盤内部の活動は、大きく分けて『波動』『航行』『変質』『動磁波』の四つの部門となります。この外に円盤や母船の持つ使命があります。そのためにいろいろな宇宙人たちが乗り込みますが、今仮に直接的な関係だけでも四つの部に分れます。そしてこれらの一部門の内の一部を受持つだけで終わる人もあり、部全部を修得する人もあり、二つ三つの部を修得して一人前となる人もあるし、円盤全体を体得して更に進んで他の円盤や母船を経て、深く進むことによって一人前となる人など、その人の体験した年月や時間で決められるものではなく、与えられた持場に完全に奉仕でき得た人こそ、天命を果しつつある幸せな人となるのでしょう。

人々によって天命の異なるように、その与えられたる部署が異なりますが、その場を通し奉仕への喜びと、それを与えて下さった親神様への感謝とで終始でき得た姿こそ、次の段階へと昇華する準備ができた姿であることは、宇宙人たちはよく知っております」

「この円盤には何人ぐらい乗組員がおられるのでしょうか?」

「三十二名が普通の場合定員となっておりますが、それよりずうっと多い場合と、半数ぐらいで飛行する場合とがあります。それは飛行する距離と乗組員の体験の程度において異なります。少数の場合にはいろいろな部門を兼務することもあります。また時としてはお客様を運ぶこともあります」

「この中型機で何人ぐらい運ぶことができましょうか?」

「この中型機は、母船のような多くの宇宙人を星から星へと運ぶ目的で設計建造されたものと根本的に異なり、特別の使命を帯びた宇宙人たちが、その使命のために使用するのが目的でありますから、乗員の三倍から五倍近くまでの宇宙人たちを乗せることができます」

と教えてくれました。その時光の点滅がかたわらの計器に起りました。

微笑みながらM氏が立ち上りました。私もあとを追って立ちました。彼が話してくれなくとも、何をしているかが私には理解できました。室を出て廊下を歩きながら、今日は宇宙人の皆様が揃っておられるのではなかろうか、という想念が私の脳裡を走りました。階段を昇って次の階層に出ました。見覚えのある室の前で、彼はちょっと私をかえりみて微笑みました。

乗員全部の歓迎を受ける

ボタンを押すと、音もなくドアが開きました。その時私は思わずアッ！　と声を立ててしまいました。機長を初め、ローズ色のドレスを着た婦人やピンク色のドレスを着た婦人の他に、更に三人の婦人と三名の男性が加って、前回の五人の宇宙人を合わせて十七、八名がズラリと並んでおられるではありませんか。

長方形のテーブルや、濃いグリーン色の厚地のテーブル掛けや椅子等、皆見覚えのあるものであります。

宇宙人たちは、一斉に立って、私たちを迎えてくれました。なんだか急にまぶしいような明るさを感じます。M氏の後について室に入ると同時に、私は皆様に深く頭を下げて厚く御礼を申上げました。

宇宙人たちの歓迎の微笑と祝福を一身に受けながら、私は彼の後についてテーブルに近づきました。そして中央におられる機長の前に進み寄った時、知らず知らずの内にちょっと緊張した私は「機長さん先だっては誠に有難うございました」と頭を下げて心よりお礼の言葉を申上げました。その時今迄微笑で迎えてくれた機長さんが、突然話し出しました。

「そんなに固くならなくともよろしいのですよ。みんなあなたのお友だちばかりですのよ。今日は気軽に話しましょうよ」といって笑いました。それと同時に、宇宙人たちの朗かな笑いが一斉に起りました。

「お揃いの皆様の前に出ますと、つい思わず固くなってしまって」と私は言訳をしながら手を頭に上げてしまいました。

底抜けのような朗らかな爆笑のあと、機長さんが「さあお掛けなさい」と前の椅子をすすめながらご自分も椅子に掛けました。私とＭ氏が並んで機長の真向いの椅子に掛けますと、宇宙人たちは円陣を造るように長方形のテーブルを囲んでいました。

皆がテーブルを取巻いて椅子に掛け終ると、機長さんが玲瓏たる声で話し出しました。

「先日円盤でのお約束のこと、お覚えでございますか」

「ハイ私はその後ズウーッと忘れずにおりました。いつお知らせがあるかと想いますと、ついあせる想念が起りました。が私たちはつねに五井先生から、それは向う様のご計画通りになさることで、私の想念でどうにもなるものでないことをよく教えられておりますので、ただあせる想念が出る時は、どこにあっても、世界平和のお祈りを致しました。そうするとスウーッと肉体を抜け出すような状態に入って、あせる想念が消えて、統一している目の前が急に明るくなってゆきます。そうしてその明るい光の中にすっかり溶け込んでゆくのであります。その中に皆様のお声やお姿、円盤がはっきり浮かび上るのであります。

それで、私は今こうしてこのように皆様にお会いできなくとも、世界平和のお祈りをすると、いつも皆様のおそばにいるような気が致したのです」

と私は一気に今迄の体験を話してしまいました。私の体験を聞いておられた機長さんの顔が、喜びの色で崩れてゆきます。

第六番目の波動

「あなたたちの世界平和のお祈りの様子を私たちは絶えず見守っております。見守っているだけでなく、私たちは皆様のお祈りの中で、お祈りの場で大きな働きを致しております。それは地上の粗い波動の中にいろんな働きをする微妙な波動を送ることができるからです。

祈りの場を通し、祈る人々の霊体を通し、それらの霊体を媒体として、微妙な波動が地上に広り流れる時に、地球人類の業想念が次第に浄化されてゆくものです。今私たちの目で見、手でふれ、心で感ずるものなど、有形無形一切のものが波動からできているのであります。万物波動の法則がいつかは地球人類にも理解される時がまいります。遠い将来ではありません。このように波動こそ万物を形成している根源であります。ですから私たちが波動を重視する理由をご理解していただけるものと思います。

大宇宙の根源、つまり大親神様より絶えず発せられる波動は、大きく分けて七つに変化を致します。七は完成を表現して、七つの変化が完全に調和された時、またもとの一つにかえります。今地球上では五つの波動の変化が基本となってできております。この五つの基本となる変化によって起る波動は、いずれも粗い雑な波動でございまして、このように粗雑な波動には精巧緻密な物を創り出すことはできません。天体上の地球の周期の変化にともなって発せられる六つ目の波動の変化こそ、実に微妙な精妙な波動であって、これが現在迄の五つの波動の中に等しく調和された時こそ、初めて七つ目の波動の変化が起ります。七は完成であります。完成は一なる源にかえります。

このように微妙な今一つの波動が、粗い雑な波動の中に混じって放射されてゆく時、部分的にせよ、七つの調和された世界が生まれてゆくものなのです。私たちの住む世界は申すまでもなく、七つの波動の調和完成された高く深く浄化された世界なのです。それで私たちが働くことのできる世界とは、いかなる波動の世界であるかをご理解いただけるものと思います。

この理をできるだけ多くの地球の人々が理解していただけたなら、世界平和の祈りの場から、祈る人々の霊体を媒介体として、微妙な精霊波動を、粗い業想念の波動で覆い包まれている地球世界にも、次第に浸透させてゆくことができるのです。そうした場が大きければ大きいだけ、また媒介体が霊化すればするほど、神化すればするほど、それは素晴しい伝播、浸透力を持つこととなるのです。そして地球人類がちょっと想像だになし得ない深い広い働きをなし得るものなのです。

地球世界にも、大神様のご計画の通り、次第に世界平和の祈りの場が多くなりまた広まってまいります。ある時機がまいりますと、地球の人々の夢想だになし得なかった、全く天変地変のような画期的な事態が起ります。地球人類の過去幾億年も積み重ねて来た、自己保存の厚い固い業想念が、百八十度の転回を余儀なくさせられることが起るのです。

自由主義も共産主義もない。敵も味方も共に唖然としてなすことを知らず、あっけに取られて見守るだけで、手の打ちようなど全くない、想像に絶する現象が起るのです。その時こそ最も強烈に微妙な波動が、地球全世界に浸透伝播してゆく時なのです。新しい世界の発生が始まってゆくのです。

名状し難い想念の混乱の中から、世界平和の祈りの真理が理解され、この波動が各国に広まってまいります。その時こそ、私たちは申すまでもなく、諸神諸霊が一斉に大活動を起こします。天地の鳴動が起ります。新しい世界が、平和な国家が生まれてゆきます。こうして地上天国が創られてゆくのです」

「世界国家地上天国がいつ生まれるのでありましょうか?」

「それは申すまでもなく、世界平和のお祈りをする人々が一人でも多くなることです。祈りの場が一日も早くできることであります。それは形の上だけでなく内容も調うことであります」

「ハイよくわかりました。私たちの毎日行じております世界平和の祈りが、このように、深く高いものであることだけでなく、その使命と働きをよくお教え下さいまして、有難うございました」

私は機長さんの一言一句に、全身全霊が溶け込んでゆくのを感じます。ただただ感激のうちに、心を震わせて、たどたどしくお礼の言葉をのべました。

その時、いつの間に入って来たか、例の青年が私たちの前に、紅茶によく似た色をした飲物をおいてゆきました。

木星と水星の宇宙人

機長さんのお話し中は、誰一人としてわき見をしたり、ヒソヒソ話をするような宇宙人はなく、淡々として話し続けられる機長さんの話の中に、否その波動の中に全く溶け込んで、一つに調和統一されたかのようであります。

「今日あなたに紹介したい方々がお見えになっております。私の右隣りの三人のご婦人は、木星と水星の方です。左隣りの男性も木星と水星の方であります」と機長さんが紹介してくれましたので、私は水星と木星の宇宙人に頭を下げて会釈しました。紹介された宇宙人も皆軽く頭を下げました。

木星の二婦人は、年令は四十才前後と思われます。朱色に茶が混じったような色の上着を召しておられます。身長一米六十糎ぐらいかと思われます。髪は首のところでカットしてあります。機長さんのように波打ってはおりません。鼻が大きいのが目立ちます。赤毛の頭髪と無邪気そうな目とが対照的に調和されて、なんだか強そうな感じをうけます。機長さんやローズとピンク婦人のような薄い軽そうな生地の上着でなく、ナイロンのセーターとよく似たもので作られております。襟は開襟のようになっております。ハート型に開いた胸もとに首より下げられた細い鎖様のネックレスが見えます。鎖は銀のような色をしていました。それには浮彫に彫刻された赤銅色の楕円形のものがさがっています。その中央に小豆粒のピンク色に輝く宝石がとてもきれいに輝いておりました。

そして彼女は濃紺色のズボンのようなものをはいておられます。

もう一人の木星の婦人は三十五、六才で、前の婦人に顔や姿はとてもよく似ておりますが、上着の色が濃い緑であります。背丈はやや低くて目が大きいのが特徴であります。

次の席におられる水星の婦人は、とてもやさしそうであります。面長で髪を肩まで下げておられます。真黒でなく、赤毛がとてもきれいです。二十四、五才でピンク色のドレスに、ピンクのやや濃い縦縞が入っております。丸襟で真珠のような前釦《ボタン》が四つ見えます。両手を膝の上に置きながら、機長さんのお話を聞いておられる様子は、非常な美しさと和かさを感じます。腰より下はかなり大きなフレヤーのように見られます。生地は薄絹というような感じでなく、地球上にある夏物のナイロン交織のプリント地のような感じであります。色がとても白くて透明のような感じを受けました。

機長さんの左側は、木星の宇宙人の男性であります。一米六十五糎ぐらいもありましょう。五十五、六才かと思われます。ちょっとリンカーンを偲ばせる容貌です。濃い鼠色の宇宙服の上からの感じでありますが、細長い方という感じであります。目はとてもやさしくてあまり大きくありません。

次の木星の宇宙人は、三十五、六才かと思われます。ガッチリした体、高い鼻、よく働く人のような感じであります。丸味を帯びた顔、髪はあまり長くはありませんが、オールバックのように後方にとかしてあります。

次の水星の男性の宇宙人は、この場の宇宙人たちの最年長者のように見受けます。一米六十糎ぐらいで丸味を帯びた平たい顔です。ちょっとくぼんだ目が道化役者のような感じを受けます。

機長さんのお話を聞きながら、六人の新しい宇宙人の友の一人一人から異なった波動を感じながら、この人たちはなぜこの円盤に乗り込んだのだろうかという想念が走りました。

その時機長さんが話し出しました。

「今日この円盤に見えている星々の宇宙人たちは、あなたがこれから基地や星々を見て廻る時に、その星々であなたのよいお友だちとして、いろいろとあなたのお話し相手となられることでしょう。それで私たちは、今日この円盤にお招きして、あなたとの親交を深めて置きたいと思ったのです」

といいながら機長さんは、かたわらの宇宙人にちょっと会釈するように頭を下げますと、六人の宇宙人も微笑みながら軽く頭を下げました。

私はこうした機長さんの温い思いやりに全く感激して、目頭が熱くなってしまいました。

「私はなにもわかりませんから、どうぞよろしくお願いします」と深く頭を下げました。

その時リンカーンに似た木星人の男性が「木星に来られた時は私たちがご案内申上げます」とはっきりとした日本語で話してくれましたのには、全く驚きました。私は目を見張って相手を見直した時、〝私の日本語にお驚きになりましたか〟と目で話しながら、包みかくせぬ笑いで顔を崩しました。

「いやどうもあなたの日本語には全く驚きました」と思わず私はいってしまいました。

その言葉で宇宙人たちの爆笑が一斉に起りました。笑いの中で、私たちは知らず知らずのうちに一つのものに溶け合ってゆきました。

親しい親しい友だち同士が、一堂に集ったような、今は星々に分れて働いておりますが、先生のもとで仲よく学んだ生徒の同窓会のような空気が漂ってゆきます。機長さんが先生で他の宇宙人たちは生徒です。

紅茶に似たお茶をいただきながら、想念の交歓が目にも止まらぬ早さで交わされてゆきます。こうした集りに漂う朗らかさと温さが、次々と宇宙人の間に起る喜びが、感謝の想念が交わされてゆく様はなんとも美しいものであります。

その時かたわらの計器に基地接近を知らす光の点滅が起ったのであります。

機上より基地を観察

円筒状の透明な硝子管かと思われるような計器の中に、連続して起る光の輪は、二十糎ぐらいの長さの円筒の中を、七、八本になって、絶えず上から下へと移動してゆきます。薄紫色の柔かい光の輪が、下へ下へと動きながら消えてゆく様は、とてもきれいに見えます。

その時かたわらのM氏が機長さんに話しかけました。

「基地に到着するまでに空からご案内致したいと思いますが」

「おねがいします。私たちもこれから部署につきます」

といいながら、機長さんが席を立ちますと、一斉にみんな席を立ちました。機長を先頭に宇宙人の女性たちが室を出てゆきます。続いてM氏と私が室を出ました。廊下に出て左に廻り、階段を降りて右に廻り、見覚えのある一番下の階層にゆく階段を降りて、天体望遠鏡のある室に出ました。廊下や階段を降りてゆく彼は、まるですべるような軽やかな早さで歩きますが、絶えず私に気を配りながら、私を困らせるようなことはありません。

階段を降りると、ちょっと彼が私をかえりみました。その時なつかしい天体望遠鏡が、いち早く私の目に入りました。

「ああ、この天体望遠鏡にはいろいろと私は教えていただきました。素晴しい性能を持っておりますね」

「今日もまたこの天体望遠鏡で基地を見ることに致しましょう」彼は椅子を私にすすめつつ、複雑な部品や附属計器を点検しながら、スイッチの入るボタンを押したようであります。

すると直径二米もあろうと思われるレンズに、テレビのブラウン管のようにいっぱいに映し出された映像は、これからわれわれが、到着する星の一部を捕えているようでありまして、緑の平野であります。熱帯地方のジャングルを飛行機上より見降した、緑の海というようなうっそうたる樹海でなく、温帯地方の山村地方を七、八〇〇米上空より見下すような風景が見られます。画面にこのような緑の平野が次第に動いて移ってゆきます。円盤の飛行するにつれて画面がどんどん移行します。全く大きなブラウン管のテレビを見ているようで、私たちによく理解できるように写し出されております。この時M氏が話し出しました。

「これから到着する基地は地球のいう、月の裏面でありまして、地球の人々にはあまりくわしく知られてはおりません。月には各種の円盤や母船のような宇宙機のいろいろな基地があります。基地には基地を守る宇宙人も住んでおります。今天体望遠鏡に映りつつある画面は、月裏面の緑地帯でありまして、あのように緑の林が続いております。

緑の樹海の中に、河の流れも見られますね。これを見ておりますと、地球上の温帯地方の上を飛行しているように見えるでしょう」

「全くそうです。私は地球の温帯地方ではないかと、錯覚を起しそうになります。それにしても地球人は、永い間、それは月の実体を知っていないために起る疑問かも知れませんが、月には空気がなくて、植物はもちろん、動物も生息することはできないものと思いこんでいたのでありますが、この画面を見ていますと、それは全く誤りで、地球の状態と少しも変りませんね」

「そうです。その通りでありますが、根本的に異なった点が一つあります。月の世界に見えるもの、感ずるもの、手に触れるもののすべてが、地球上の分子的な構成とよくにてはおりますが、地球科学の学説によって月には無しとされている水や空気と同じような要素のものが、地球上でまだ発見されていない分子によって構成されているということであります。そうした分子構成によって、植物も育ち、宇宙人も存在し得るのであります。現われている結果は同じでありますが、現われ方が違います。現われる要素が違っていることであります。この点を理解しないと、月という星の実体を知ることはできません」

「大宇宙から見ますと、月と地球間の距離三十八万キロは一つの物のように見られますが、このように接近した、星と星との間にもこうした根本的な相違があるということは、いったいどう考えたらよろしいでしょうか?」

「そうですね。先だってもこの天体望遠鏡や動く天体図でご説明申し上げましたね。あの生き生きと生ける星、躍動し続ける星、それは幼年あり、青年あり、壮年あり、老年の星々があるように、天体を総覧していると、星々は一個の人の如く感ぜられること。地球上でも偉人の死を、巨星地に墜つ、ともいいますね。星を一個の人間と考えることは、決して間違っていないことだと知っていただきましたことを思い出して下さい。あなた方が日常家庭の生活の中で、自分に最も近いんだからといって、自分と全く同じであるということはあり得ないでしょう。地球世界での現われ方の法則を、そのまま大宇宙の星々にあてはめようとして、その在り方を決めようとする考え方は、正しいとは申されません」

「それでは、宇宙人の星から星への旅行は、なかなかむずかしいものとならないでしょうか?」

「いいところに気をつけられましたね。全くその通りであります。根本的に違った要素の働く世界に、自由に出入りできることは、宇宙人の出す波動を、その星々に適合するように自由に変えることができるからであります。それでも、波動がよく似た星々とは交流がよく行われますが、荒い粗雑な波動の星には近づきがたいものであります。渓谷の清流に住む鮎のような魚が、濁流渦巻く中に長く住むことがむずかしいのと同じことであります」

こうして説明を聞いている間にも、絶え間なく画面が移ってゆきます。緑野の中にも、山があり、川があります。高い山には樹が見あたりません。移りゆく画面が、次第に山岳地方を映し出して来ました。山また山峩峩たる山脈の連続であります。よく見ますと谷間のあたりに、小さな植物らしいものが見受けられます。

母船格納庫

「この山岳地帯をよくごらん下さい」というM氏の指さすほうを見ますと、山脈と山脈の連続の中に混じって、なだらかな丘が見えます。丘のすそはゆるやかになって平野に連なっています。丘の上に、丸いなんだか火山口のようなものが見受けられました。

「これが円盤の基地の一つであります」

「このような所に到着するのですか？」

M氏は微笑しながら、それは実際に降りて見るとよくわかりますよと、目で答えてくれました。私たちの円盤は、基地上空を実際にゆるやかに飛んでいることが感ぜられます。それは私に基地のいろいろな姿を教えこもうとして、特にとっておられる行動ではなかろうかと、思えてならないのであります。

レンズに、山岳地帯の峻嶮な峰々が、大きく浮かんでまいりました。

「アーあれはなんでしょうか？」私は思わず声を立ててしまいました。峻嶮な峰々の内の二つの中腹に、大きな洞窟のような横穴があることに気づいたからであります。洞窟は相当大きなものであります。ちょうどトンネルの入口のような横穴が山の中腹にあいているのです。

「あれは宇宙機、母船の格納庫であります」

「どのようにしてあの大きな母船が格納されるのですか？」

「それは次にお目にかけます。実際にごらんになって、理解されることが一番の早道ですからね」

幾つかの洞窟を見ながら、画面はなおも山岳地帯を移動してゆきます。横穴の大きさ高低など、みな一様ではありません。その時、どうしてあのような大工事をなし遂げられたのだろうか、という疑問や感嘆などが、次々と私の脳裡をかけめぐりました。彼はと見ると、静かに澄み切った秋空のような表情でありました。私の今の疑問や知りたいと思っている心の中をすっかり知りながら、目でも言葉でも話してくれないのは、いったいどうしたことなのだろうかと、私はいつの間にか自分に都合のよいことばかりを勝手に考えているのでありました。夢中になればなるほど、それは意識せぬ内に、自我の想念の中にいることを忘れていたのでした。それを彼が沈黙のうちに教えておられることに、私は気づいたのでありました。ハッとした瞬間、もとの透明のような自分にかえるのでありました。

指令塔を中心にひろがる大人工基地

山脈が次第に切れ切れになり始めました頃、山脈の続きで、平野との境の所に、これは今迄に見たこともない、形の整った山を見受けたのであります。全体は丸い形をしています。その山に七つの突端のある紅葉とか八ッ手の葉に、丸味を持たせたような型をした噴火口のようなものがありますが、よく見ると噴火口ではありません。砂山とか、岩山とかいうようにも見えず、芝生のような植物が生えて、全山を包んでいるようであります。

「これが円盤や母船の基地であります」

「火山の噴火口と間違えますね。全体は木の葉のようなかっこうをしておりますが、天然の山岳を利用したのでなく、人工で造られたように形が整っておりますが？」

「そうです。これは宇宙機の到着格納するために造られた人工基地であります。各種の円盤の到着場や無数の格納庫があるのです。中小型母船は、中腹の洞窟のような格納庫に格納されております。全基地を各種の自走路や昇降機、機器や資材や食糧等、建設資材等が保管されるようにできております。七つの円盤到着場を中心として、八本基幹自走路の交叉するロータリーの中心部には、基地全体を掌握する指令塔があります。基地にはいろいろな施設が完備しております。指令塔の下には、円筒状のものが見えると思いますが、あれは地球上でいうビルディングのような型をした建造物で幾層にもなっておりまして、他の星々から来た宇宙人を招待したり、宿泊や歓談、会食する

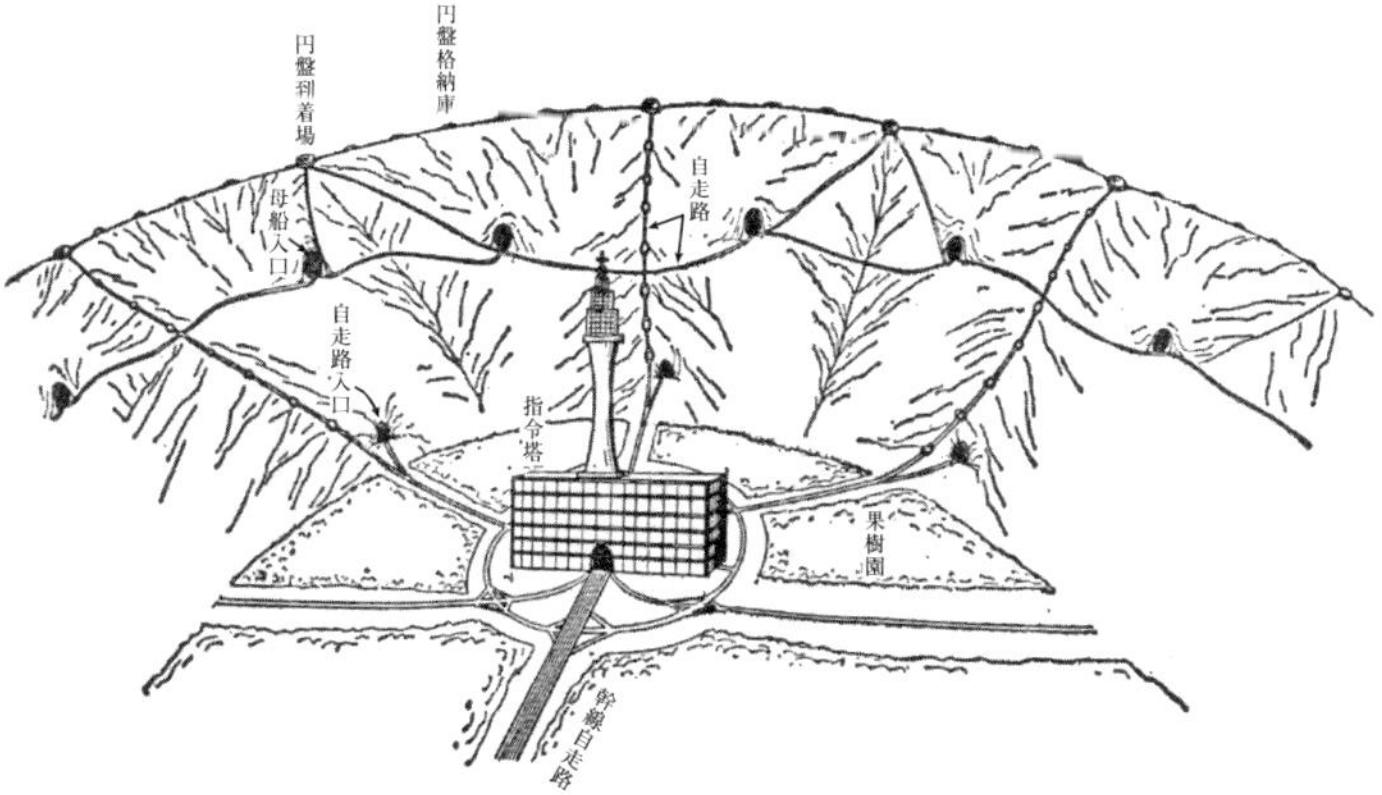

人工基地フカン図

ことにおいて、親交を深めるために用いられます。内部の設備は素晴しく豪華なものがあります。それごらんなさい、あの谷間の中腹を」

と指さされる所を見ますと、丸い陵線から中心部に向って、七本の尾根が連っています。その尾根と尾根との谷間に、母船が浮かぶように中空に滞空しております。ちょうどトンネルから出た汽車がまた次のトンネルに行くまでの中間で停車したように見えます。「アッー」と私は軽い驚きの声を立ててしまいました。すると母船はスウーと山の中腹に姿を消してしまいました。

吸いこまれるように、母船の消えた谷間を見ておりますと、再び母船がスーと出てきて、反対側の中腹に姿を消してしまいました。

母船の格納庫にもいろいろあるようで、着陸しようとして谷間に降りますと、谷間の左右に格納庫への入口があって、母船は左へも右へも、自由に出入ができるように設計されているのを感じます。なんだか急に基地のことが知りたくて、心がぞくぞくするような衝動を感じました。

その時彼は例の物柔かい静かな口調で、

「人工基地も円盤を降りてからゆっくりとご案内致します」

といい終らぬ内に画面は急速に移ってゆきます。平野と山脈の境目を、相当の早さで飛行しているようであります。途中天然基地が幾つも見られました。

よく気をつけてみますと、円盤はM氏の思う通りに、速く遅く高く低く、右へ左と、またちょっと滞空したり、自由自在に動いていることに気づきました。その時彼が話し出しました。

「私たちは器械や計器を利用せずとも、直接機長さんへ絶えず連絡を取っております。それはテレパシーで自由に相手と話すことができるからです」

といい終らぬ内に、画面の動きが急に遅くなってきました。よく見ると、山と山との間の、丸い帽子をおいたような形の山の上に、先に見たような円盤の基地の到着場が見受けられます。円盤はゆるやかに動きながら、基地上空をよく観察できるように飛行しているのを感じます。

お皿の到着場と自走道路

この円盤の基地は、山脈の末端にあって、一方は山々に連なっていますが、一方は直接平野に連なり、他の二方は山を迂回して平野に出ております。その附近の山はなだらかな丸味のある山であります。その頂上に噴火口のような皿をいただいています。見ているうちに垂直に高度を下げてゆくのを感じます。見る見るうちに頂上のお皿は大きくなりました。お皿は近寄ると相当大きなもので、野球のスタジアムのようにすりばち型となっています。幾つかの段階があって、下にゆくにつれて円が小さくなっております。円の中央には真白な十字がクッキリと浮んでおります。輝く太陽の反射を受けて、キラキラと光って見えます。

「アアなんて素晴しい円盤の基地ではありませんか」と私は独言のようにいっていました。

スタジアムのような頂上の着陸場を中心として、四方に尾根が伸びております。一方は途中から後の山々に連なっており、その反対側の一方は大きく伸びて平野に続いています。他の二つの尾根は山と山との間の谷となってはるか先で視界より消えています。このような四つの尾根の内、三ッの尾根の上に真黒なアスファルト道路か、と思われるような路が二本のレールのように敷かれてあります。二本のレールの平行線がゆるやかに連ねてゆく先に、蛇が玉子を呑んだようにポツンとふくれている処があります。ちょうど呼鈴のベルの形のようです。

それが適当な間かくを置いて並んでいます。よく見ますと、そのベルのような型は一様ではなく、大きさがいろいろあるようであります。尾根を伝わる二本の黒い平行線とベルは、実にきれいに見えます。私たちの円盤はいつの間にか基地に接近しているのをよく感じます。中央の尾根の上をゆるやかに飛び、ベルを一つ一つ見ながら降ってゆくうちに、幾つ目かのベルから一機の円盤が飛び立ちました。

それは写真機の絞りが開くように、ベルの中心から天蓋が開かれてゆくと同時に、待機していた

人工基地フカン図。頂上お皿状の処に着陸する

ように、中から円盤がフワリーと浮き上り、一直線に上昇したかと思いますと、レンズから姿を消してしまいました。

ふと円盤が飛び立った跡を見ますと、白い十字板が光って見えます。お皿の基地のように幾つかの階段があって、小グランドといったようなかっこうであります。よく見たいと思って中を見ていますと、絞りを絞るようにスルスルと蓋をしてしまいました。その姿は他のベルとなんら変った様子がありません。かたわらのM氏はと見ますと、微笑しながら、私の観察する様子を見守っておられたようでありましたが、その時話し出しました。

自走路と基地格納の原理

「円盤の基地の輪廓を知っていただくのに、空から見た上で、内部の機構をご説明申上げたほうがわかりやすいと考えたものですから、基地のいろいろをお目にかけ、そして到着、格納、連絡等を順を追ってその実地を見ていただきますが、今迄に見ていただいたうちにも、いろいろわからぬところがあろうと思われますので、ここで、基地機構の大略を申上げておきたいと思います。まず基地の円盤到着場ですが、円盤には大中小の外に、いろいろの型がありますが、今着陸しようとする基地到着場は、中小五ッの型の円盤を収容できるように設計された円錐形到着場でありまして、この他にもっと大型円盤を収容するために建造された大型到着場や、これよりももっと小さい型の円盤をも収容できるようになっている小型のものもありますが、大体現在の型のものが最も多数に設置されております。中央に見える白い十字は到着用の磁気板でありまして、円盤の一番下の外側にあります到着用磁気板と、相吸引するようにできております。双方の吸着板が密着して、格納中の円盤の安定を保持するように設計されています。次に山の頂上にある到着場より、流れ出るように見える二本の黒い平行線は上り線と下り線とからなっています。一見すると、地球上のベルトコンベアのように感ぜられますが、コンベアのような機構とは全然異なります。つまり自走道路は延々と連なる全体の道路が動いているのでなく、自走板の上に、人なり物を置くと、その重力に正比例して電磁波が働き、一定の方向に流れる如くに移動してゆくのであります。地球上での電磁気を応用したベルの働きとよくにた理論で、吸着と反発を連続した運動を起しつつ、自由に道路を走ることができるようになっております」

私たちの円盤はぐんぐんと高度を下げてゆきます。天体望遠鏡の調節を一生懸命しているM氏が、ちょっと私を見ていいました。

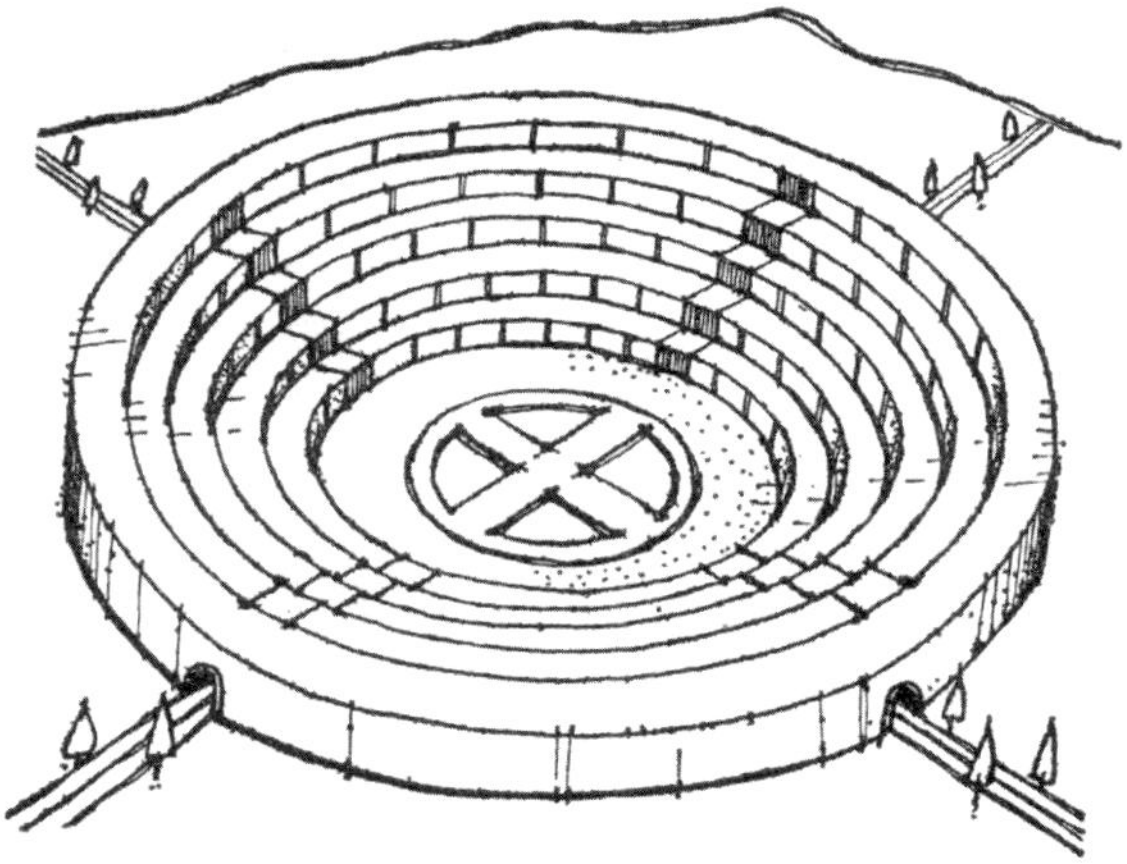

円盤到着場の一種。野球場のような形をしているが全階すべてガラス張りでビルとなっている

「倍率を0点にして観察を続けます」

画面は、円盤が急に上昇したかのように小さくなりましたが、またぐんぐんと大きくなります。到着場の段階がはっきりと見えてきます。自走道路上を人がゆきます。スキーですべるように自走道路を走ってゆきます。

ふと気がつきますと、到着場の真上に、一機の円盤が浮かぶように現われたかと思いますと、吸いつくように着陸してしまいました。見事な着陸ぶりです。巨人の口の中に吸いこまれるようで、全くアッという間に到着するのであります。

間もなく宇宙人たちが三方の口から自走路へ、そして自走路上をすべるように基地を下っていきます。その様子は自然と人工が全く一つに溶け合っているのであります。大自然と機械と人が渾然と一体となって、各々がその役割を果しているように感ぜられるのであります。

間もなくその円盤は基地を離れて、いずれかに姿を消してしまいました。すると私たちの円盤の着陸を知らす、光の点滅が始まりました。と同時に、天体望遠鏡に映る今迄の映像は全く消えてしまいました。

基地着陸

月の基地に到着

円盤の基地到着を知らす光の点滅が始まったと思った瞬間、ふと別の計器を見ますと、ピンク色の丸い盤に、中心から渦を巻くようにくるくると廻りながら動いているものがあります。これは何を知らしているのかわかりませんが、私たちにはなんの動揺も感じません。私は精神を知らず知らずのうちに軽く緊張させているようでありました。それは、どのようにして到着するのであろうか、と思っていたからであります。

ちょっと軽いショックを感じますと同時に、光の点滅は消えて、丸い盤の渦巻きのみが残っております。M氏はと見ますと、椅子に腰かけたまま、機械のほうに向かっておられるので、その整った横顔のみが私の眼にうつりました。

高い叡智と深い体験とがかもし出す、透明なまでの落着きを見せる中で、絶えず忘れぬ彼の微笑こそ、私のすべてを知り尽していて、初めてできる姿ではないだろうかという想いが、一瞬私の脳裡を過ぎ去ってゆきます。そして今私の前にある、理解できないいろいろな器械や計器の動きを一心に見つめながら、到着の際に起る軽いショック等を感ずる時の私の心の動揺や、それに伴う想念との関連の一切を細大もらさず知っておられるようでありまして、私の心の動きとともに、絶えず微笑で私に何かを教えようとしておられることが、よく理解できるのであります。

それは言葉でなく、言葉以前の言葉であって、一瞬にして一言一句の誤りもなく、私の心の中を貫通してゆきます。そのあとになんの不安や疑問や不明朗さが残りえましょう。その強い響に答えるように私の心も奥の奥から共鳴し、鳴りわたってゆくのであります。

すると別の計器に、緑の光がつきました。その時彼が話し出しました。

「到着しました。これから機を降りて、基地を見て廻りましょう」といいながら椅子を立ちました。私たちは階段を昇って廊下に出ました。到着した円盤の廊下は何も変ったところはございませんが、私が三回も通りながら、何も気に止めておらなかった通路の横側に、十糎ぐらいのパイロット球のような、柔かい緑と黄との灯が二つ並んでついております。それを見た彼はすぐ左に折れました。私たちの乗った中型機には、出入口が四ヶ所ありますが、その緑と黄との信号灯は、その内いずれから降りるということを知らせているかのようであります。

廊下を約四分の一廻ったと思った時、私たちの二米ほど前の右側に、例の緑と黄の信号灯がつきました。私は信号灯の前を通り過ぎ、四、五米も歩いて、あとをふりかえって見ますと、信号灯は消えて見当りません。すると左側に出入口への通路がありました。私たちが出口の所までゆきますと、ガラス張りのような透明なドアがあり、自然的に開きましたので、中に入りますと、またものように閉まってしまいました。ちょっと立止ったまま、前のドアの開くのを待っておりますと、頭の上のほうでなんだか軽いジーという音が聞えます。エレベーターの中にいるようであります。この室の天井に近い所に、緑色の灯がついていますので、ふと見上げて気付いた時、前方のドアが開きました。それで私たちは外側の廊下に出ることができました。するとなんだか急に体が解放されたような軽やかさが感じられます。肩のコリがスウーと引いたあとのように、首や肩を動かして見たくなり、動作が非常に軽やかになりました。今出て来たドアを見ますと、また元のように閉っております。

円盤到着場の大広間

廊下に出ますと、二、三人の宇宙人に出会いましたが、私たちになんら気を止めておらない様子であります。五、六米も行きますと、昇降用の自走路があります。地上のエスカレータのようでありオ。M氏はエスカレータにも乗らず、左手にあるドアの前迄ゆきましたが自動的に開きます。二人が中に入りますと、また元にかえってしまいました。

室の中央は、大広間のようになっております。幾条となくテーブルや椅子の列が並んでおります。大宴会場という感じであります。室内はクリーム色で、テーブルは半透明の合成物質でできているようで、二列が向いあって組となっております。向いあったテーブルの間を、一本の幅三十糎ぐらいの帯のように、ベルトコンベアが動いております。このような列が幾条もあります。光源は見当りませんが、室内は地上の真昼のように明るく、冷暖房装置があるかのように、全く寒からず暑からず、室の空気が身にしむように味があります。そして心の中までさわやかになってまいります。野球のスタジアムのごとく、中心に向かったところは一面窓でありまして、それは申す迄もなく透明なガラスのようなものでできております。窓にそって廊下があります。私たちは窓に近い二ッ目の椅子に並んでかけました。

「ここで食事をしながら、基地やその他の様子をできるだけくわしく説明致したいと思います」

全く何から話してもらってよいやら、頭の中が混乱してしまい、見るもの聞くものふれるもののすべてが、私たちの想像に絶するものばかりでありますが、なんだか気抜けしたような気持で、呆然と見つめるばかりであります。このような私の放心状態をよく知ってか、M氏は私にお茶でもご馳走をして、気分を直して、ゆっくりと理解できるように話そう、という心組みのようでした。

私が今呆然と見つめる、最も手近から目の前のもの一つとても、物珍しい物ばかりであります。否、その一点一点から宇宙人の生活内容を知ることができるのでありますが、あまりにも地球人との相違が大きいので、ただ呆然としてしまうより外ないのです。

M氏が着席した机の前のボタンを押しますと、右側の角に配列された信号盤の中央二ヶと、左右二列の信号盤の全体に、パッと色パイロット球の灯がつきました。パイロット球の列と、その下にある各ボタンを押すと、点滅が起ります。M氏は二列目の上の左段二つ目と、右四ツ目を押しました。押し終ってちょっと私をかえりみて例の静かな柔かい口調で話し出しました。

地上五階、地下三階の到着場

「この円盤の到着場は、空からごらんになったように、五つの型の異なった円盤を収容できますので、地上五階と地下三階とでできております。ごらんのように円型をした各階層には、それぞれの型の円盤に関係ある宇宙人がおられます。宇宙人は、今自分の乗る円盤はどこにいるかをよく知っております。その円盤の動きは告知灯によって知らされておりますから、到着場に待機しながら、各自の円盤の活動状態を知るのです」

私たち机の前に、二個のコップがコンベアに乗ってきて止まりました。それを見たM氏は、無雑作に受け取って、前に置きますと、またコンベアは動きはじめました。

「ちょっとのどが乾いたと思われますので、基地の飲物を召し上って下さい」

といいながら、自分から先にコップを取って一気に呑んでしまいました。私もほしいなと思っていたので、ちょっと呑んでみますと、とてもおいしいのですぐ呑んでしまいました。ジュースによく似た味がありますが、全く無色透明でありました。呑み終ると気分がスーとして、体の内から生気が湧いてくるような感じでありました。

このような私の状態を見て取られたか、彼はなお話を続けます。

「前回の透明板は地球上でのガラス板とよく似ております。この到着場は強力な電磁波が動くの

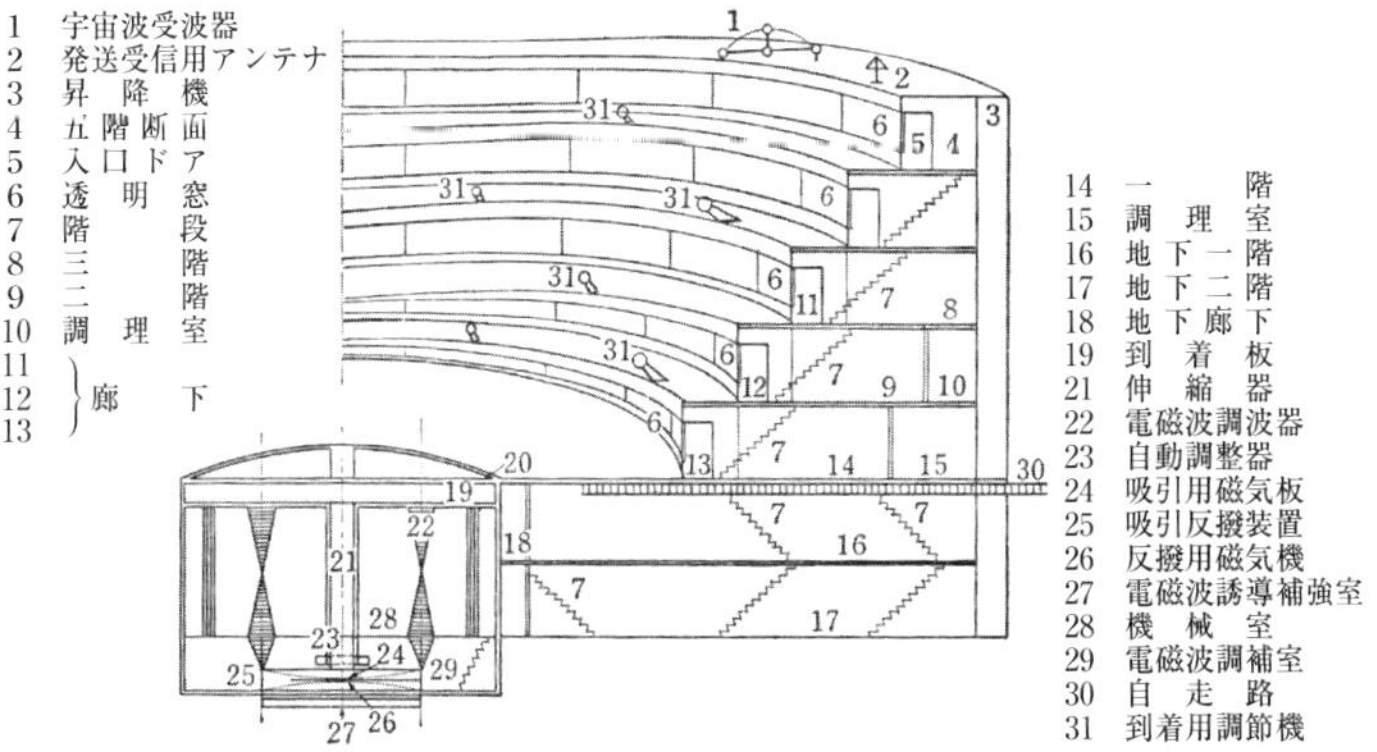

到着場断面図

で、完全に密閉されております。勿論電磁波も通しません。そしてこの建物全体が波動の調節に役立ちますように、宇宙科学の粋を集めて設計の上建造されたのであります。中央に見える白い十字の吸着板の下は、三階になっておりまして、三階目は蓄電槽であります。吸着板は二階迄上下できるようになっております。円盤の型によって直径と深さとの比率が必ずしも一致しているものでありませんので、吸着板の位置が自由に上下できるようになっております。また飛び立つ時に、自力だけでなく、吸着盤から放射する電磁波によって、主として飛行に移ります。到着に際しては、全く十字板の中心点に円盤の中心点が重り合ってしまうと満点でありますが、技術がまだ若い操縦士による場合には、中心になかなか重なり難いものです。その点を解決するため、各階の角の処に、空を向いて四十度ぐらいの角度で出ている、大きな腕のようなものが見当りましょう。あの腕に円盤がふれることによって、容易に中心に重なることができるのであります。そして各出口には調波室がありまして、その室を通らなくては外部に出ることができません。室の中に入りますと、特殊の電磁波が働いて、中の人の波動をある程度まで変えてしまいます。それが終ると自動的にドアが開き、到着場に入ることができております。

五階目の吸着板十字の真上の処に、指令室と三個の観測、連絡室があります。この到着場の運営を一手に引受けて、各階層に必要な指令を出したり、飛行中の円盤との連絡や各基地の中心となる最高指令所の連絡通信を司っております。それは皆この五階の四ヶ所の室で行なわれているのであります」

といいながら彼は、ちょっとここで言葉を切りました。私たちのいる大広間は、今は十数人の宇宙人が、三三五五、組になって机に向っておられます。話したり食事をしたりしながら、皆何かを待っておられるようであります。

大広間の中心部の天井に近い部分に、信号板があります。室のどこからでも見られるようにできております。丸い信号灯が三列に十コ並んでいます。天井にもいろいろな装置があるように思われますが、わかりません。今私たちが腰かけている一個の椅子の中にも、私の理解できない、いろいろな器械や器械との連けいを保った装置があるようであります。机に向っている側面にも、幾つものボタンがあります。私が今迄に気づいたところは、どのボタンも皆色が一様でないことでありま す。このように私なりに観察をつづけております様子を知ってか、M氏はまたも話し出しました。

光の変化による創造

「機長さんのお話の中にありましたね。この天体宇宙に存在する一切の物は、すべての光の変化によって創られているということを。光の変化は可視線以外の光線を創り出します。一言に可視線以外の光線と申しましても、その光線一つ一つの働きを知って区別することは、言葉として表現するには、光線そのままではいい現わせない、複雑多岐なものとなってしまいます。否、それだけでなく、いかようにしても表現のしようがないのであります。

このような光の変化を光とせず、第二の光とし、光の持つ内容、働きを波動として、その波の高低強弱を捕えて分類していることは、地球の科学者の考え方と全く同じでありますが、今地球の科学者たちが捕えている波動は全体のごく一部分でありまして、これと外にもっと異なった内容を持つ波動のあることが知られておりません。それは波動つまり光には根本的に二つの異なった内容があるものです。ごくわかりやすく説明しますと、表と裏です。表面と内容です。人で申すならば肉体と魂です。このように根本的に異なった二面を持っております。今地球上の科学者が捕えている光とは、可視界以外のどの光線にせよ、いずれも表の面、つまり現われた波動のみを捕えて、光線とし波長として取扱っているのであります。これは人間で例えていうならば、この肉体だけが人間のすべてと感じて、肉体人間が真実の人間なり、と断定してしまっているような姿であります。

肉体人間も人間に相違ないが、真実の人間は肉体人間だけでなく、肉体を通して肉体を自由自在に使って働いている人間こそ、真実の人間であることは充分おわかりのことと思います。このようにして、内で働く力こそ真実の力となるのであります。この力がいろいろとわかれて働く時、知性のある波動として、意志の働く波動として、個性的な内容を持つ波動として働くのであります。生ける波動があるのです。躍動し続ける波動があるのです。知性がある波動こそ私たち人間の真体なのであります。知性とは、理智のみが働いて温かさ明るさが働かないものでなく、深い広い叡智でありますから、全く無礙自在ですから、いろいろな形となって現われます。つまり愛と真の働きこそ、高き叡智より来る知性ある波動といえましょう

宇宙科学の根本は数学

「私たち人間の真体、神体では、いつもこの波動が働いているものであります。それですから、このような偉大な数に上る各波動を区分するに必要なものが生まれます。それは今地球上で行なわれております数学でありますが、1から0までの各数字の組合せによって、無限大に近い数を表現しておりますが、私たちは数字や記号を用いません。けれども現在の宇宙科学の根本は数学であります。数学を無視して宇宙科学は成立しません。それで地球上での数学よりも幾倍も広く深いものであります。地球上での数学は縦横の広さを持つ平面的な内容の表現をすると見ますならば、宇宙科学の数学は、平面的な面とともに立体的な高さ深さの内容を持つものであります。

それで生ける数、躍動を続ける数、知性を持つ個性のある数のあることがおわかりのことと思い

ます。

　このような数学の根本はなんであるかを申上げましょう。私たちの根本的な考え方は、この宇宙に存在する万物は、すべて波動からできているということを充分に理解しております。その波動の根本は一なる光であります。一なる根源から発せられている光であります。その光が＋《プラス》と－《マイナス》の形に変化し、分れたその－は＋と－に、分れたその＋は－と＋に、このように分離と結合とを繰り返す内に、今私たちの眼前に展開されている、見える聞えるふれるもののすべてを創ってしまったのであります。ある波動とある波動が交叉し混和する時に、型や色となって現われます。それで色こそ波動の代名詞であり、第二の波動といえるものでありましょう。色こそ数学の根本であるものとして、取扱われているのであります。

　地球上での数字に代るものを、私たちは色でこれを識別致します。数字だけでもって、その働きと本質を表現するとするならば、そのものが持つ本質、内容を直感的に受取りまた示すことができるでありましょうか？　それは特別な訓練をした人のみができることでありまして、多くの人々に実際に役立つ場合が少ないのであります。それで私たちは色の区分、連帯、結合、進行等の変化によって、一見してその内容を皆知るのであります。

　これは私がお話し申上げるよりも、手近にある机の前の告知板で、実際の一例を申上げてみましょう」

　といいながら、M氏が今かけている机の前のボタンを押しますと、右の端の告知板上にある二列の小さな豆電球のような信号灯二〇個と、中央にある親球二個で一組となっておりますが、この告知板上に一斉に灯がついて、各電球はいろいろな色の光を放っております。それはさきに彼が飲物を取る時に、ボタンを押して起った現象と同じであります。私が板面を一心に見つめておりますと、彼が右手でボタンを押し変えました。すると板の灯の色が次々に変ってゆきます。一個の灯が1から0まで変化を起します。このようにして灯の色の変化を見ておりますと、どうしてこのような変化を起させているのだろうか、という疑問が私に湧いてしまいました。

こうした私の心の動きを察知して、彼は話してくれました。

「この告知板上の、信号灯の色の変化は、電磁波による波動の分離、結合の法則を応用した波動分離板がありまして、その板の高性能な働きにより、ごく簡単に十種の変化を起させるものであります」

私は波動の分離板の性能や内容、そして分離、結合の法則の一部でも知りたいと思いましたが、それは明かしてくれませんでした。

大広間の中央にある告知板には、交通信号のように丸い信号灯がいろいろ変ってゆきます。幾個も並んで消えていったりまた現われたり、全く忙しそうに色と灯の位置が次々と変ってゆきます。

このような告知板上の灯を見ていました彼が、

「小型機が近づきました。今に到着します。中型機も待機しています。その外にいろいろな円盤から連絡通信が入っております」

と信号灯を解読して、私に説明してくれました。

「食事を取りましょう」といいながら彼は、板の角の告知板上の灯の下にあるボタンを、幾個となく押しました。押すと灯の色は変って、地球上での電灯の色のような光の色となりました。押し終って彼は一斉に消してしまいました。

宇宙人の生活

「食事には、お金をどうして支払いますか?」

と私が尋ねて見ますと、ちょっと私をかえりみた彼は、静かな物柔らかいまなざしで微笑みながら、直ちに返事をしてくれませんでした。やがて答えてくれました。

「生活に必要な物資を交換するに、お金をもってこれに代えることは、地球上の人類の進化の途上においては必要であったかも知れませんが、私たちには、各人が生きるために必要な物は、親神様から与えられるものであることをよく知っておりますので、各自のために必要な、つまり自分を守るための必要性などというものがございませんので、私たちの世界では、お金はなんの価値もないものです。それよりも、各人の心こそ、お金よりも物資よりも大切なものであることをよく知っております」

「お金を支払わなくとも、自由に欲するものが得られるのですか?」

「この基地でも、宇宙人のいろいろな食事が用意されておりますが、各自の分を過ぎた食事をしようとするような、不心得な宇宙人は一人もおりません」

「地球人の考え方で申上げますと、働かなくとも安楽な生活が保証されているかのように受けとれますが?」

「そうです。ある意味において働かなくとも自由な楽しい生活ができますが、私たちは誰一人として、各自の天命を理解しない人はありません。各自がこの世界で果す役割を知っておりますから、日々の自分たちの勤めを忘れたり、また怠ったりするような人は一人もありません。衣・食・住ともに各人の分に応じて与えられております。その与えられたことに感謝こそすれ、不満や不足を感ずるような人はございませんから、争いなど起るわけがございません。感謝と喜びによる大なるものへの奉仕が、宇宙人たちの生活の基本となっております。ですから日常の生活が最も自然に移ってゆきます。流れては消え去ってゆきます。このような世界には天変地変や自然の暴威等全くございません。でも進化の進んだ星からの指導者や、その星の進んだ科学の一端として、素晴しい円盤に乗って降りて来られる時は、その指導者の一言一句が私たちの魂の奥々までも透徹してゆきます。そしてこの星々の次の世界に進化昇華してゆく迄を教えられるのであります」

このように彼から教えられているうちに、私たちの前には食事が運ばれているのでありました。

宇宙人の食事と飲み物

私たちの机の前に停止している食器類に、ふと私が気づきました。料理は丸い皿にごはんが盛っであり、その上にホワイトソースがかけてあります。野菜を煮たものや、乾燥した果物を加工したもの、野菜サラダのような調理したものなど、各二組と、コップと大きな果物鉢とコーヒーわかし器のようなもの各一組が、キチンとコンベアの上に置かれております。

机の右前の一角にある信号灯が、点滅しております。私はその信号灯を見ておりますと、地球上でのブザーを思い出すのであります。全くブザーと同じような波動を感じます。「サア注文の食事が届きました。早くお取り下さい。それでないとほかの人に迷惑をかけますから」と、私たちにいっているのではないかと思われます。

この時彼が、素早くお皿や食器類を机の上に取り上げました。取り終るとコンベアはまたもとのように回転を初めました。彼は取り上げた食器類を手際よく机の上にならべます。整然と配置するその手捌きを見ておりますと、その人の性格がわかるような気が致します。各食器とお皿との間隔や机の面とのバランスが実によく保たれております。

「お待せ致しました。円盤到着場の食事を召し上って下さい」

ちょっと笑いながら彼が私にすすめました。

「ハイ有難うございます」と私はお礼の言葉を述べながら、どれから先にいただいてよろしいのやらわかりませんので、ちょっと躊躇しておりますと、彼が先にお皿に手をつけられたので、私もごはんのお皿に手をつけました。それはごはんでなく、食パンとクリームの中間のような柔らかさで真白であります。一口食べて見ますと、とてもおいしいので、またたく間に一皿を食べ終りました。野菜煮やその他のご馳走をみんないただいて、ちょっとのどが乾いたので、お水がほしいと思いますと、彼がコーヒーわかし器のような容器から、私の前のコップに半透明な液体を注いでくれました。

野菜煮は野菜を油でいためたような味でありました。果物皿には丸い密柑《みかん》のようなものと、ちょっと細長いバナナの感じのするものと、あんずによく似た物の三種でありました。

半透明のカルピスのような味のする飲物と、食後の果物でおなかが一杯になりますと、なんだか気分が落ついて来ました。ちょっとボタンを押すと、コンベアは直ちに止りました。飲物を残して他の食器を手早くコンベアに返すと、また別のボタンを押します。コンベアは動いて食器類を向うの調理室へと運んでくれました。

愛念と機械化による調理

このとき彼が調理室のほうをちょっと見ながら、

「このコンベアの流れの先は調理室に入っております。調理室は、幾人もの宇宙人が働いておりますす。材料は地下の倉庫にありまして、エレベーターで運搬致します。あの調理室には、いろいろな電磁波を利用した器械の設備もあります。宇宙人の要求に応じて、いろいろな料理を全く短時間のうちに作ります。即座に幾人分ものいろいろな食事ができるように、設備されております。各テーブルによって、いろいろな注文が出されますが、それが自動的に、順序正しく地下の材料倉庫に伝達され、調理室に運ばれます。それがいろいろな工程をへてできるまでは実に早いものです。

調理器は一連の細長い箱型をしておりまして、初めに材料が入る前に、この料理に必要な指示を与えておきますと、全工程に必要な部分だけが働き、でき上ったものがコンベアの上に流されます。このようにしてできる料理は、人の手を借りずにできますが、精巧な機器の調整や、最も料理に大切な人の愛念は、いかに精巧緻密な機器といえどもかもし出すことはできません。愛念つまり生き続ける波動こそ、宇宙料理の生命といえましょう。それはその仕事に当たる宇宙人の、最大の奉仕から生まれてゆくものであります。ほのかに温かく生きいきと働く波動を察知している宇宙人が、食欲を充足しただけで、事足れりとしているでありましょうか。その愛念に感謝こそすれ、不満や不足の想いなど全くありようもございません。それが友人や家族またいろいろなグループで食事を共にしても、素晴しい愛念の交歓となって現われてゆくものです」

このように彼から説明を聞いていると、今いただいた食事が、私の体内に新しい生命となり、力となって、失われていたエネルギーの補給をしてゆくだけでなし、それを作って下さった宇宙人の愛念が、私の体内でも働いてゆくのであることを、表現でき得ない感覚で感受してゆくのであります。

各種円盤到着する

この時急にピカリとした閃光を感じました。ハッと私の胸に迫るような感じを受けます。窓の外に、黒ずんだ巨船の胴の部分だけを見ているようであります。

「一機到着しましたね」

「どこから飛んで来たのかしらん」

「大分遠くから飛んで来たようですね。この円盤にはかなり多くの宇宙人が乗っておりますね。土星の基地を発して、太陽以外の星に行ったのです。中型機でも大きいほうで、この上の階で待機している宇宙人と交代がすむとすぐ飛び立ちます。大きな役目を持っていますので、一刻一瞬のゆるぎもなく活動します。もう直ぐ出発しますよ」

中央告知板上の光のいろいろと、点滅の状態を解読してくれる彼の説明を聞いておりますと、彼は今到着したばかりの円盤のすべてを知っておられるように感じます。

「到着から出発まで実に早いですね」

「このように機に乗っておられる宇宙人は、乗降の際における波動の調整など、ごく簡単に済みますので、交代も早いのであります」

なる程私たちが到着して外に出ようとすると、前のドアが開きませんので、ジイジイと音のする室で、しばらく待っておったことを思い出しました。緑の灯がついて初めて外に出られたのでありました。

「出発ですよ」と彼が教えてくれますので、見守っておりますと、スウーと浮かぶように上昇したかと思った瞬間、私たちの視界から姿を消してしまいました。飛び立った跡を見ますと、白い十字板が二米ぐらいも浮き上っております。アレどうしたことかと見ておりますと、巨大な到着板がスウーと吸いこまれるようにもとの位置に帰りました。それがごく自然に行なわれます。

その時、数人の宇宙人が食堂に入って来ました。青年たちであります。女の宇宙人も三人混っています。向うのテーブルに一団のグループを造って着席しました。若々しい生気が溢れています。何か飲物を注文したらしく、コンベアのコップや飲料器が流れてゆきます。

その時彼が「また一機到着します」といいました。「今度はやや小型です」中央に吸いつくように到着しました。

「基地圏内を飛んでいる円盤です。小型の割合には多勢の人を乗せております。ここで物資を補給して、直ぐ飛び立ちます。宇宙人たちは多分降りないでしょう。ちょっと空のタクシーといったような軽快なものです」

「空のタクシーに一度乗って見たいものですね」

自走路と自走機

「自走路を走って、それから乗ることにしましょうね」

といいながら、彼は席を立ちました。私はまだ到着場内の機構や設備の実際を見たいと思いましたが、彼の後から室を出ました。階段を降りて出入口の所までゆきますと、そこには自走路がありました。空から見る自走路と、今私の手の届く所にある自走路との感じは全く違います。二本の黒

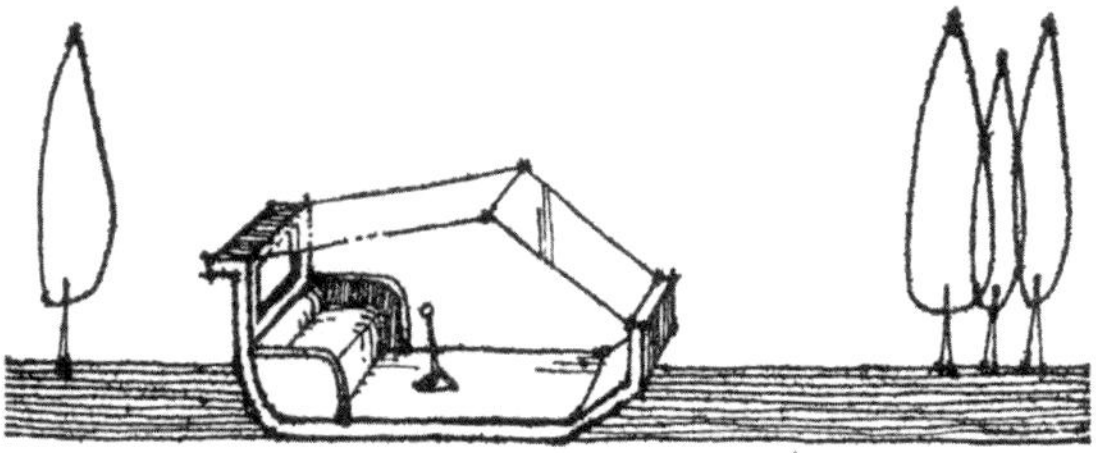

自 走 機

ずんだ軌道のように見えたのは、濃い鼠色をした二本の線が並列して、市内電車の線路のように一組となっております。

彼はと見ますと、私の気がつかぬ間に、入口の室に入ったらしく、一抱えもあるような折たたみの椅子のようなものを持って来られました。

「これはなんですか？」

「私たちが乗る自走機ですよ」

といいながら実に手際よくパタンパタンと組立ててゆきます。自走路の上で組立てますと、線路の内側にちょっと凸部の足が喰いこむようにできております。内側十五糎ほどスプリングのように押すと下ります。四本の足の部分が線路に喰いこんで、全く微動だにも致しません。小型自動車という恰好になります。座席は向い合って、二人が並んで乗り、一組で四人が乗れるようにもなります。シャッターのようなものを引出すと、ホロをつけた車のようになり、それを外すとオープンカーのようになります。全く便利に、自由自在に組立てられるようにできております。中央に丸い平たい円形のベルのような型のものがあります。ちょっとボタンを押すと、スルスルと一本の棒が出てきます。そばにあったにぎ手をつけますと、完全なハンドルになりました。

組立て終えたM氏は、ちょっと入口の所に行き手を洗いましょう、といって手洗所のような所に行きますと、足でボタンを押しました。すると白い蒸気のような気体が、サーと音を立てて吹き出しました。蒸気は受口からパイプで、中に吸引されてゆくようでありました。掌を見た彼は、簡単に洗滌を終えてしまいました。ほんのわずかの時間であります。私もすすめられるままに、手を出して足でボタンを押しますと、手には温みもまた冷さも感じませんが、何かガスの中に手を入れたようでありました。掌を見ますと、汚れが一つも見当りません。

「これは便利ですねえ」

「電磁波洗滌の一種です」

と教えてくれました。ソリのような恰好をしたオープンカーとでも申しましょうか、組立車に早く乗ってみたくなりました。

二人は並んでかけました。椅子のクッションもよく、計器もいつの間にかつけてあります。「サア走りますよ」という彼の声で、初めはごくゆるやかに動きはじめました。全くすべるように走ってゆきます。走るというよりも、ボートが動くようになんの抵抗も感じません。到着場の出口に来ました。透明な大門があります。私たちの車が直ぐ前までゆきますと、音もなく、開きました。外の空気は思ったよりも寒く感じ、急に身内が引締るような感覚が起ります。

平坦な道を十米も行きますと、急にゆるやかな下り坂となっております。その時基地の山々が目にしみこむように迫りました。いずれも黒ずんだ岩山でありますが、谷間には高山植物のような草や木が見受けられます。

二本のレールの如く平行した自走路は、中央に緩衝地帯があり、その両脇には並木が適当な間隔を置いて植えられてあります。緩衝地帯には、芝生のような植物が美しく繁茂しております。

私たちが並んで自走機に腰掛けながら、すべるように走るのは、都市の郊外の舗装道路をドライブするようであります。

「スピードを出してみましょう」

彼の言葉の終らぬうちに、機はゆるやかな傾斜の稜線上の自走路を、一直線にすべってゆきます。計器の円筒状板に渦巻く光の輪が急に回転を起します。回転数に応じて色が変化してゆきます。計器の数字を読むのでなく、回転する渦の速さと渦の色で速度を知るようになっているようであります。時速百二、三十キロの速さのように思えましたが、地上で感ずる空気に直接触れる部分がしびれるような抵抗がなく、それが三十乃至四十キロの速度で走るような快適な抵抗しか感じられないのであります。

重力、気圧の相違と生体の調節

なぜこのように抵抗が少いのであろうか、この分だと、重力も空気や水や鉱植物等においても、根本的に私たちの概念を超えた存在なのであろうと思えてならないのでありました。この時彼が私の疑問を解くかのように話し出しました。

「先程も水や空気の在り方について話しましたね。地球上でまだ発見されていない分子によって構成されていることと、こうした基本的に異なった基盤の上に在る空気や水そのものが、地球上のそれと違うということは充分理解していただけると思います」

「それでは、重力も地球上より大変違うということになりますね」

「そうです。地球上の三分の一ぐらいとなるでしょう」

「気圧も大変異なるわけですね」

「そうです。その通りです。気圧の相違が空気抵抗となって現われているのです」

「気圧の変化に伴う呼吸困難や、内臓の諸機能に及ぼす関係、影響等、人体生理上、保持困難かと思われますが、その点はいかがですか?」

「人間の精体ほど、順応性の強いものはありません。それで円盤の乗降には、絶えず変化する波動に耐えるよう訓練と調節する設備が施されてあるものです。知らず知らずのうちに私たちは調節する機器の場に置かれていたのです。先に到着場は最も精巧な宇宙科学の粋を集めて創られた波動の調和訓練場であるといったように、私たちの歩む一歩一歩に、休憩に、食事に、また観測に、娯楽にと、時間を費すことが一秒の無駄もなく精体波動の同和順応のために要する時間であったのです。優れた宇宙人たちの乗降にはなんの疑いもなく、開放された状態で行なわれているのです」

ここまで説明してくれたM氏の好意に、心より感謝の念が湧き上るのと同時に、私の基地で費し

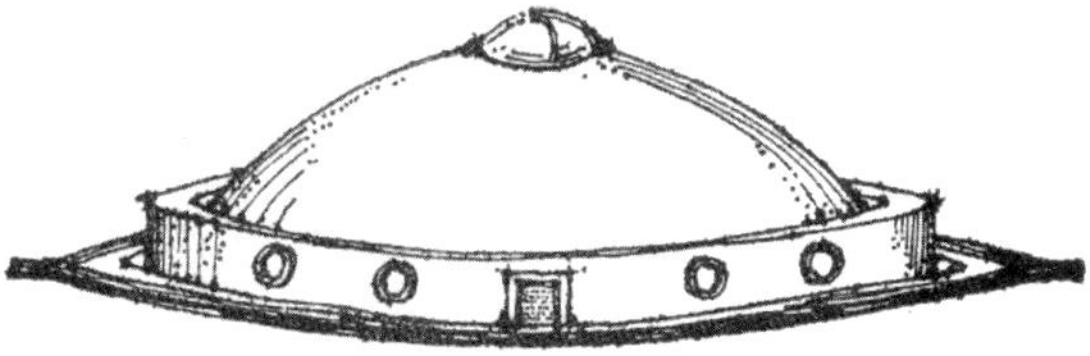

格納庫の一種

た時間が全く恥ずかしくてならなかったのでした。私は地球上で長い間、粗い波動の中にいて少しも気づかなかったのでありますが、今こうして教えられて、真実に知ることができたのであります。この時私たちの走る自走路の真中にかなり大きなベル型の建造物が目に入りました。猛スピードで走る自走機が、激突するかと思われた瞬間、路は左右に分れていました。アッという間にベル型建造物を通り過ぎてしまいました。急行電車が、途中の駅を通過するような速さです。

重要な機器施設は露出をさけている

「あれは円盤の格納庫ですか?」

「そうです。円盤や母船や重要な機器施設は、できるだけ露出をさけているのが、地球科学と異なった所です」

「重要器機の酸化腐蝕による性能の低下を防ぐためですか?」

「それだけではありません。宇宙科学の根本は波動の分離・結合・交叉等において起る諸現象の中から、必要な波動のみを抽出して利用するのであります。初めて円盤内部の説明をした時、円盤内部に在る中心となるジャイロコンパスの被覆傘は、+《プラス》性の強い薄い金属性の板を重ねて使用していることと、そしてこの板はいかなる強力な宇宙波といえども通さないこと、それでこそ初めて分離や増幅や親和性や偏向性のような個性を附与できることを申上げましたでしょう。精巧緻密な機器ほど波動の影響を受けやすいものです。円盤などは機全体を最も秀れた精機と見て誤りではありません。それで大宇宙を縦横無尽に貫通する波動から守るには、地中に格納して特殊の波動を遮断するようにされているのであります」

「それで円盤格納庫の屋根に当る部分が、円盤が発着すると間もなく、写真機の絞りのように天蓋を閉めてしまう理由がわかりました。地下の施設がまだまだ外にあるのでしょうね？」

「あります。人工基地の大部分は地下に在ります。地下の工場や地下の都市のような設備もあります。それにはまた二、三他にも理由があるのですが、実際を見られた上で説明致すことにします」

このような会話をしているうちに、幾つかの円盤格納庫を通り過ぎました。尾根は大分なだらかになって来ました。自走路の並木以外の樹が見受けられます。かなり大きな格納庫に近づきました。

「ちょっと中を見ましょうか」と彼がいうと、自走機はその前まで来て、吸いつけられるように入口の処で止りました。

衝突することがない自走路

「さあ降りてみましょう」といいながら、素早く自走機から降りられます。私も後から反対の側に降りました。

「後から来る人に迷惑をかけないように、路から外しておきましょう。向うの端を持ち上げて下さい」

ごく簡単に二人で持ち上げて、傍におきました。その時、何か後から人の来る気配を感じました。それは一人用の自走機を操縦して基地を降りてゆく宇宙人でありました。アッという間に物すごいスピードで、私たちの前を通り抜けていったのでありました。私はこの時、衝突しないとも限らない、と思われてならなかったのであります。

「この自走路には衝突ということは絶対にありません。それは前の機に、一定近くまで接近すると、自動的に電磁波の働きが停止するようにできておりますので、地球上でいう交通事故などというものはありませんし、また考えたこともありません。地球の人は交通事故だけでなく、いろいろ予期せぬ災害を蒙ることは、事故や災害の起る前に、既に波動の世界では激突が起っているということを少しも知りません。形の上に結果となって現われた時、形の上の原因だけを求めていては、いつまでたっても事故や災害がなくなるということはありません」

「それでは皆様の世界では、波動の変調や誤てる偏向性に基づく衝突とまでいかなくても、なんらかの形でルールを誤ったということは起らないものでありましょうか?」

「そうです。それは絶対にないとは申されません。基地でもいろいろな地区に分れておりまして、この地区を掌握する指令所があります。そこには精巧な探知機で、波動の精流交叉を絶えず見守っておられます。ちょっとでも変調を発見すると、これを修正する強力な波動が働きまして、絶えず調和を保つようにできています。また他の星から飛来する円盤が近づくと、その衝に当った司令は特に気をつかいます。自分の力で及ばぬ時は、上位の司令に応援を求めるのですが、そのようたことは滅多にありません」

「なんだか宇宙の組織とでも申しますか、私には理解でき得ない、時間空間を超えた超立体的な組織の中に生かされているという感じであります」

「無限の広さを持つ大宇宙は一なる根源を中心として、縦横無尽に無数の波動が交叉に交叉を重ね、いろいろな形や個性を創っております。その現れが天体に散在する星や星の中に住む人間や、山川草木に至る迄、一つとして目に見えざる大宇宙の組織、つまり法則のもとに、休みなく活動を続けていないものはありません。その中で私たち人間ほど、広い自由と高い叡智とが与えられているものはありません。それは大宇宙を創られている神々様の御心を現わそうとして、お創りになったのが私たち人間であったからです」

ふと気がつくと、私たちは円盤格納庫の前で立ち話をしているのでありました。

彼が入口の前でボタンを押しますと、告知板が目の前あたりにあります。幾つかの信号灯が点滅しながら移動します。物をいう信号灯のように感ぜられます。

「応答があります。この格納庫では、円盤は飛行中で格納はしてありませんが、いつでもごらんになって結構です、との返事です。すぐドアが開きます」

といわれました時、入口の上方に、緑色の信号灯がつきました。と思った時大きな扉が、軽やかにスルスルと開きました。

格納庫の内部を見学する

待ち構えたように彼が先に進みました。四、五米も歩いたと思った所に、透明な扉があります。扉を通して円型をした格納庫の内側がよく見られます。格納庫の内部とは思えぬ明るさであります。透明な扉は、私たちが前で停りますと、音もなく開かれました。正面扉の両横に、内部に通ずる入口があります。小グランドかと思われるように、三段階層に分れて、上へ行くほど広くなっているのは、全く円盤の発着場と少しも変りませんが、内部より見られる天蓋シャッターの構造の大略がよく見られます。私たちはいつのまにか中央広場に出てしまっておりました。

内部の広場は外観よりもズーッと小さく、広い所で四十米前後かと思われます。私たちは美しく張りめぐらされた、透明なばかりに輝く天蓋を見上げておりますと、後方に人の気配を感じました。ふとかえりみますと、彼と格納庫の中の宇宙人とが会話中でありました。それを知った私はいんぎんに頭をさげました。

「頂上の到着場より降りる途中、ちょっと格納庫を拝見したくなったものですから、突然でご迷惑でなかったでしょうか?」

「決して迷惑なんて、そのようなことはございません。それに遠来のお客様もご一緒のようでありますし、このようなありふれた所でありますが、心置きなく充分ごらん下さいますように」

私はなんだか古い昔の親戚の家に案内されたかのような気やすさと温さを感じ、親しみが心のどん底から湧き上ります。

「よろしくお願いします」と心を正して頭を下げました。そして「天蓋シャッターは実に素晴しいですね」と感嘆の声を私は発してしまいました。

「ご承知の通り、長く開放することはできませんが、〈入口の反対側にある告知灯のあるほうをちょっと見ながら〉格納する円盤は、今すぐには帰って来ませんので、開閉してお目に掛けましょう」といいながら、入口のほうへと歩いてゆきました。ちょっとボタンにふれたかと思った瞬間、ジーと放電するような軽やかな音が天蓋の中央より起こりました。天井にポカリと穴があきました。次にパチンと吸着するような音が致しますと、次の瞬間またジーと軽やかな音が起ります。ジー・パチンパチンと繰り返えすうちに大天蓋は大部分開かれました。最後にパチンとしめつけるような音と共に、完全に天蓋は開かれました。中央到着用の十字板が白く太陽に映えてキラキラと光ります。開け始めてから終る迄ほんの二、三分ぐらいのように思えました。

四本の太い梁と八本の中梁と、それを補助する二十四本の小梁とで天蓋はできております。その梁は釣竿のようにだんだんと中に入って、しだいに太くなってゆきます。梁と梁との間の薄板はゴーと音をたてながら、巻き取られるような形でしめられてゆきます。ちょっとの動きも見落してはならないと、一心に見つめていた私は、開け終ると「なんと素晴しい機構でありませんか」と独言をいってしまいました。

「閉る時もよくごらん下さい」といいながら、また別のボタンを押されたようであります。閉《しま》る時はカタンと音をたてかと思いますと、ジーと音をたてながら次第に閉ってゆきます。四十米もあろうと思われる天蓋も、またたくうちにもとのように閉ってしまいました。

土星人が設計した格納庫

「内部には何があるのでしょうか」とM氏に尋ねますと、格納庫の宇宙人が話してくれました。

「格納庫は一箇の場であります。つまり宇宙人が天命を果してゆく場でありますから、この格納庫の中にも、いろいろな宇宙人がおります。老若男女をとわず必要な人は、この格納庫で自由に生活できるようになっております。倉庫や機械室のほかに、個室や連絡室、応接室、食堂等いろいろな室にわかれております。地上三階地下一階となっております」

「窓もないこのような格納庫内で、いろいろな宇宙人がおられるとは考えられなかったのですが、入ったとたんに素晴しい精巧なビルディングのような感じを受けました」

「窓ですか。それはね、この格納庫を設計したのは土星の宇宙人で、この基地にもこの型式を用いているものはずい分あります。土星の住宅は窓を附けずに、必要な時はいつでも外の風景が自由に見られるようにできております。そのような特徴を備えておりますので、外観からの観察だけでは内容を知ることはむずかしいと思われます。私たちは体験して初めて知る機会を、いな、ほんとうに体得する機会を神様から与えていただけるのでありましょうね」

「この格納庫を保持するに必要なエネルギーは、どういう方法で取っておられるのでありましょうか？」

「円盤飛行の理論をご存知のことと思われますが、この格納庫も同様な理論ですが、ただ飛行するようなことがないので、機長の精体を通し、ジャイロコンパスによって波動を下げてゆくような方法は取っておりません。宇宙波受波機で捕えた原波は、多段式波動分離機によって、必要なエネルギーに自由に変えて使用しております」

その時、入口にあった告知板上の信号灯に光の点滅が始まりました。チラリとそれを見たM氏は信号を解読したのかも知れません。

「長居するとご迷惑になりますから、これで失礼しましょう」

いろいろと知りたいことがありましたが、素直に「ハイ」と答えて格納庫を退出することにしました。

「突然お伺いして、大変ご迷惑をお掛け致しました」

とM氏がお礼の言葉を申上げました。

「いつでもお立寄り下さい」という宇宙人の言葉に感謝しつつ、私は格納庫内部と宇宙人を何回も振りかえりながら格納庫を出ました。五十才ぐらいの背の高い人であったが、子供のような澄みきった眼と、慈愛溢れる微笑をただよわせながら見送ってくれた姿は、私の眼底よりいつまでも消えませんでした。

再び自走機上の人となる

間もなく私たちは自走機上の人となり、複線は左に大きくカーブを画きながら平野に連なっております。すべるように走る自走機上から、左右の風景をながめながら降りてゆくに従って、まわりに木や草が多くなってまいります。地球上の温帯地方の山々のような感じでありますが、植物はよく見ると、亜熱帯にあるものによく似ております。その時下から一機の自走機が昇ってまいりました。また前方に一機と昇りますが、軽やかに走ります。私たちとすれちがおうとするちょっと前に、彼が軽く右手を挙げました。相手もそれに答えて手を挙げて会釈してゆきました。

平野に近くなるにつれて、自走機の速度を落しました。なぜかしらと思っておりますと、もう一本の自走路と交叉しておりました。交叉は十字交叉でなく、ロータリーのような機構になっております。一度自走機を円型路の内に入れて、各自の進む方向路を取ればよいようにできております。ロータリーは右廻りの方法を採っているようでありました。

私たちは左の方向に走りました。平野に出ました。自走路や並木は実に立派にできておりますが、平野は全く原野そのままです。いったいこれはどうしたことなのでしょうかと私は思って、彼に尋ねてみようかと思っておりますと、彼は話してくれました。

「基地にもこのような土地がたくさんあります。それは人口に比例して平野が多いのと、生活に必要な植物を栽培するのに、技術が地球上のものと格段の差がありますので、山の上まで耕さなければならないようなことはありません。素晴しい農園をお目に掛けます」

自走機はたんたんたる平野の中を走り続けます。やがて林の中にさしかかりました。ああ川が、と思わず声をたててしまいました。自走機はゆるゆると河の上の橋を通ります。川幅十五米ぐらいのようでありましたが、美しい水がゆるやかに流れております。川底の砂利がよく見えます。両岸に名も知れない植物が、自然に繁茂して、緑でつつまれた中を流れる川を見た時、絵にでも描いてみたいなあと思いました。

緑一色の一大農園

林の中を走り続けた私たちは、やがて小高い丘にさしかかりました。ゆるやかな坂になっておりますが、平地を走るのとなんら変ったことはありません。平坦な頂上にきました。自走機のスピードを落して、M氏があれをごらんなさいと指さす前方を眺めますと、それはそれは全く素晴しいの一言に尽きます。

眼前いっぱいに展開された大耕地。網の目のようにはりめぐらされた自走路、中央にある指令所のような高台。長方形に区画された耕地の一面、緑に彩られた植物が私の眼を射るごとくに入ります。私は息がつまるような雄大感に迫られました。

「途中よく見ながら中央の丘にまいりましょう」

丘の上より見下す大きな平野には、眼前いっぱいに作物が栽培されています。緑緑緑一色であり

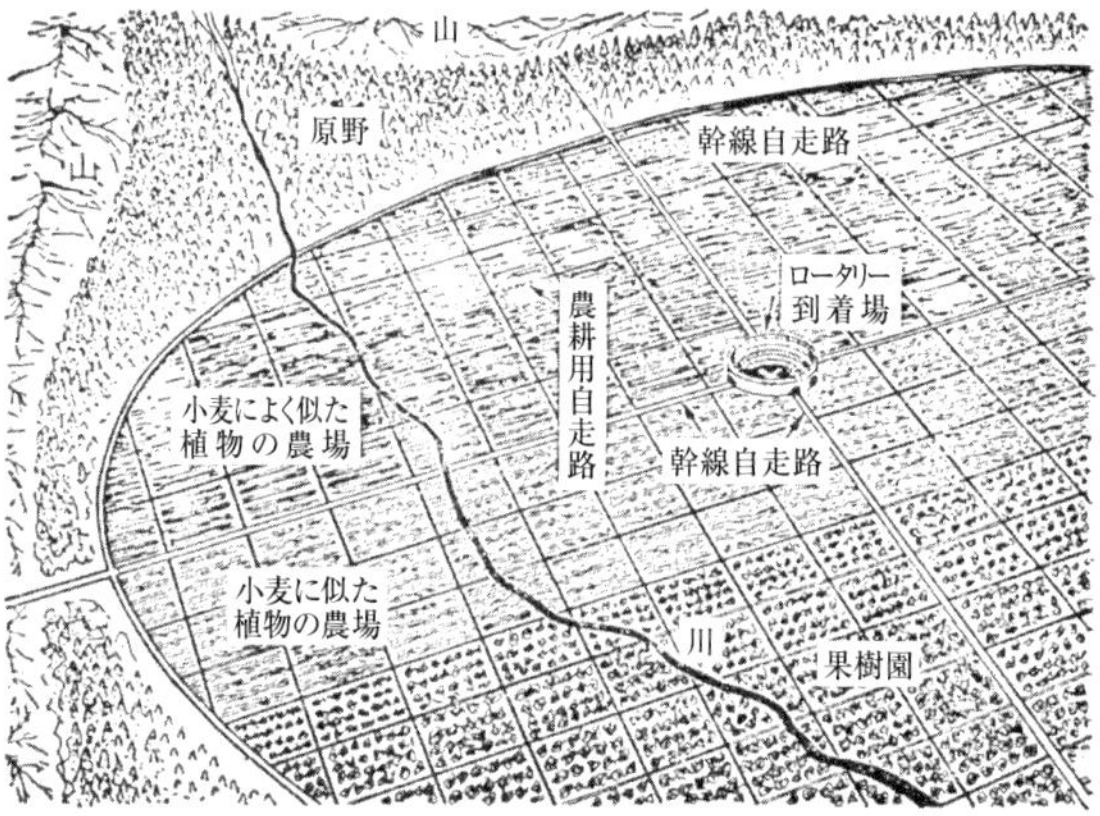

緑の原野と農園

ます。そのなかを丘の上から一直線に幹線自走道路が縦断しております。そして途中に横断する自走路との交叉している処に小高いロータリーがあります。

こうした平野には幹線自走路とやや目的を異にする農耕用自走路が網目になって縦横にはりめぐらしてあります。交叉は平面交叉でありまして、ロータリーは見当りません。私たちの今走っている両側は、小麦によく似た植物が一面に続きます。途中川を越してロータリーへと走ります。右側の遠くには、果樹のようにかなり大きな緑の若葉が、いっぱいに繁茂しているのが見受けられます。

中心のロータリーと思って見ておりますと、それは相当広い平野で山嶺へ通ずる横の自走路との交叉している一端でありました。

このように広い大平野で、作物によく手入れが行き届いているように見受けられるが、どうして手入れをし、耕作やまた肥料は、収穫は？　と、いろいろな疑問が起って来ました。そして土地の所有者があるのかまたないものか？　また豪雨や旱天その他の病虫害等や台風による被害等、いかにして対処しているものか？　次から次へと矢つぎ早やに疑念が広がってゆくのであります。

農園の運営と管理

「どうしてこの素晴しい農園は運営されているのでありましょうか。農耕に施肥に給水に病虫害暴風雨等の災害や、その他収穫までの一連の管理についてお教え願えないでしょうか？　一区画ごとに所有者があるのでしょうか。地主小作の制度や集団農場のような制度となっているものでありましょうか？」

M氏は何を思ったか、ちょっと考えこんでおられるようでありました。自走機のハンドルを握りながら、目は前方のロータリーを見守るかのようでありますが、別のことを考えておられる様子でありました。

「そうですね……私たちは耕作地は勿論、住宅から家庭生活に必要な日用品に至るまで、すべての物は神様からいただいたものであるということを、誰一人として理解していないものはありません。皆そう思いこんでしまっております。ただ与えられた場がなんであるかは、その宇宙人によって違います。農耕の場を与えられた人は農耕を、これらの加工管理、保管など、与えられた場を通して奉仕します。それでいて土地や家屋など生活の必需品に至るまで、一つとして私のものはありません。ただ与えられたものは、その生命を生かすための自由が、平等に与えられているものであります。生命を生かす創意工夫こそよりよき奉仕となるものでありましょう。

この広大な農耕地も、一人の指導者のもとに幾つかに区分され細分されてゆきます。最後に幾人かのグループである面積を管理するようにできております。これと別にこれらの作物の栽培に必要な技術の指導や機器の利用方法を教える宇宙人もおられます。

収穫期における人手の不足には、多くの人々が加勢にまいります。これはただ収獲するというだけでなく、これら農作物を守護して下さった神神様への御礼として、一大感謝祭のオンパレードが繰りひろげられるのであります。みのりの秋をたたえながら、与えて下さった神様よりの贈物に対し、誰もが一度はこの行事に参加することをこい願わないものはありません。

みのりの秋の山野に繰りひろげられる感謝祭では、天よりのひびきに地にある人々も応えるかの如く、一挙手一投足がリズムにのって、コーラスと共に行なわれてゆく風景は、地球の人々にはちょっと想像できないものと思われます。

そしてここでは風水害や病虫害などの起こるような粗い波動がありませんので、これらのものが起るようなことを考える宇宙人はありません」

彼のお話を聞きながら、知らず知らずの内にロータリーまで来てしまいました。ここはかなり大きく、小高い丘になっております。私たちは機をロータリーの内部に入れました。このロータリーは山嶺の円盤発着場の二分の一ぐらいのもので、高さもあまり高くありませんが、機構は全く同じであります。ここで自走機をおかえしして、空のタクシーに乗ることになりました。

空のタクシー小型円盤にのる

この到着場では波動調節用のいろいろな施設がないようであります。それで外部よりの出入が簡単にできます。私たちは二階の待合所にゆき、彼と腰をかけると間もなく、小型円盤が到着しました。かなり大勢の宇宙人の乗降があります。この円盤にも四ヶ所の出入口があり、うち二ヶ所が乗り口、二ヶ所が降り口となっております。

私たちが乗り終ると円盤はアッという間に上昇してしまいました。彼が廊下を歩きながら空のタクシーについて話し出しました。

「この円盤は中央の階層が機の大部分を占め、指令所と蓄電槽を下部につけたような形をしております。中心部は機器室で、そのまわりに乗員の個室や乗員の室がありまして、廊下をへだてて、一般の乗員の幾ヶ所にも分かれた小さな客室となっております。廊下もあまり広くありませんし、全体がこじんまりとした感じであります。この室に入りましょう」

といいながらボタンを押すと、音もなく扉が開きました。二人が入り終ると閉ってしまいました。五、六人が定員のような室であり、テーブルもなかなか豪華なものであります。観測テレビや信号板やその他の機器があります。それといろいろなボタンがありますが、何に使用するのかわかりません。ボタンにはいろいろな色彩がついています。私たちはむかいあって腰を掛けました。この時彼は空のタクシーについて話してくれました。

「この種の円盤は、遠距離用のものと異なり、近くを飛び廻りますので、飛行時間も短くスピードも早くありません。それで機内の構造が遠距離用と全く異なります。直径の割合に高さがなく、円の外側に当る部分に客室の全部が取られています。各室ごとに方向指示機や連絡器があります。円盤に乗りますと、指定された室に入ります。そして自分たちの行き先を告げます。そうしておきますと、目的の発着場に接近すると知らしてくれます。それまでテレビで基地でのいろいろな出来事や、近くの星までの行事などを見ることができます。この円盤はあまり高く飛びませんので、内窓を開けて地上の様子を見ましょうか」

といいながら椅子から立ち上って、入口と反対側の処に行きボタンを押すと、二個の直径一米ぐらいの丸窓が開きました。一個は天井に近い所であり、一個は床に近い処であります。

窓から見た雄大な工事現場

「この窓は外から見ると、窓のあることがわかりません。内からはこのようによく見られるようになっております。このタクシーは二、三米ぐらいの高度を一直線に飛んでおります。山岳地帯の切れ目に展開されている緑の平野は、絵に画いたように美しいですね」

といいながら見下すと、平野には縦横に自走路がはりめぐらしてあります。その中を大小いろいろなロータリーがあります。大きなロータリーは円盤の発着場になっております。このような素晴

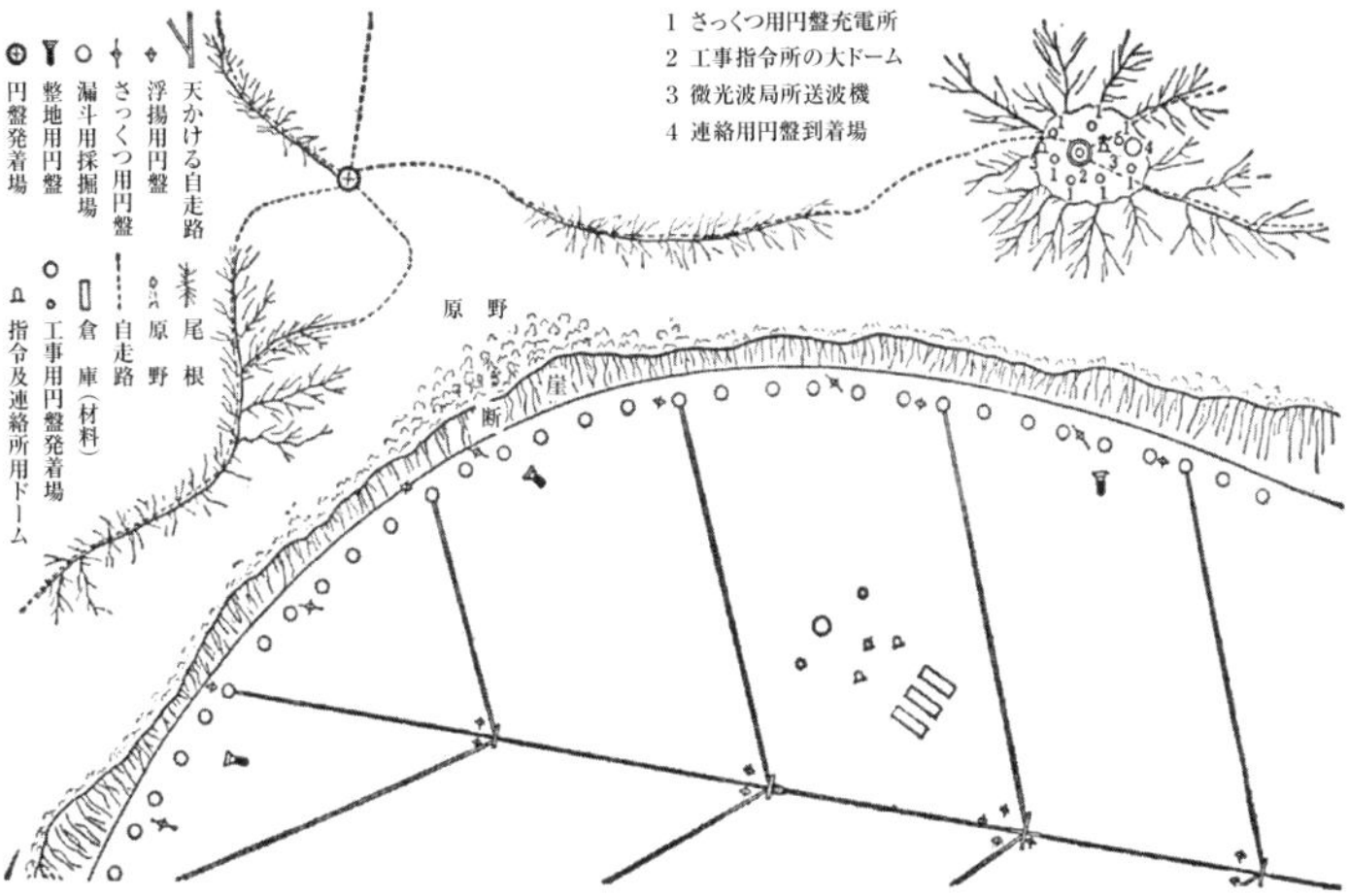

土木工事現場フカン図

しい眺めに見とれておりますと、緑の平野が終ろうとする処に、かなり大きな土木工事が行なわれているではありませんか。大きな山々が取り除かれて、丸い円形のドームのようなものを造っているようであります。私は思わず「あれはなんでしょうか」といってしまいました。彼はちょっと微笑しながら、

「あれはね、小型人工基地建設中の工事現場です。よく見えませんが、いろいろな機械や特殊円盤を使用して、土木工事をするのです。基地にはたくさんの工事場がありますが……この工事現場に降りて見学しましょう」

窓から引返した彼は、方向指示板のボタンを押して連絡を取りました。指示板のパイロット電灯が幾つかに変色し点滅してゆきます。彼がこれを読み終って別のボタンを押すと、いっせいに灯は消えてしまいました。

「工事現場に行く宇宙人がいるので立寄る予定です、との返事がありました」
このような会話をしているうちに、空のタクシーは吸いこまれるように工事現場の横にあるロータリーに到着してゆきます。私は窓の所に釘づけされたように工事場を見守っておりました。空かける工事用自走路。これを支えているヘリコプター型の円盤の数々。大きなドリルの役目をする土砂さっくつ用円盤。これはこまのようにくるくるとゆるやかに廻りながら、強力な電磁波を放射して、土砂の組織を破砕してゆく円盤です。それは巨大な一個のドリルが土砂をえぐり取るような働きをしております。一回の破砕を終えるとまた別の所にゆきます。そして一回に数トンもあろうと思われる土砂を吸い上げて、自走機まで持ち運ぶ特殊円盤。これらのものが私の眼の前を一瞬にして過ぎ去ってゆきます。

私の想像を絶する機器や、雄大ともなんともいいようもない程の大施設ができている中で、見る見るうちに山は崩されてゆきます。近づくといったいそれがどう動いているのかわかりません。どういうものが造られようとしているのかも見当がつきがたいものであります。

近くの小高い丘にかなり大きなロータリーがあります。その中に私たちの乗った空のタクシーは到着致しました。入口までゆき、待っておりますと、音もなく扉が開きました。降りた所は二階の待合所であります。このロータリーでも同様に、到着場に面した部分は硝子板のような透明な物質で、窓が完全に覆われております。発着の際に放射する強力な電磁波をさけるためのようであることは、いずれの発着場も同じであります。

階段を降りて自走路までゆきますと、ここでは幾台もの自走機が待機しています。全く乗降の多いのを物語っているように感じました。工事現場まで数キロでありますが、自走機で現場へと向いました。

天かける自走路

この山々にはあまり大きな木がありませんでした。名も知れぬ雑草がかなり背高く伸びて、その中に槙の木によくにた木がまばらにあります。これらの山々を右に見ながら、私たちは一路、工事現場へ急ぎます。

近づくにつれて、いろいろなひびきが私の身に応えます。これは地球上の工事場の空気とよくにております。ふと見上げると、天かける自走路の雄大な姿。私は魂のどん底から驚きの声を立ててしまいました。夢だに想像でき得ない姿であったからです。

円盤の到着場と工事現場を結ぶ自走路は、幾本にも分れておりますが、私たちの進んだ道はなだらかな稜線を幾つか越えて工事現場に近づくと、全く驚天動地の一大壮観がまず私の眼を奪います。それは空のタクシーより見た、中天に掛る工事用自走路を張り巡らした、実に名状し難い雄大なる姿でありました。

「アアなんと素晴しき壮観よ」

と思わず独り言をいってしまいました。

「あれはね。工事用自走路でありまして、足があって、地上から支えているようにちょっと見えますが、実は地から足が支えているのでなく、大空から吊り下げているのです。あのコマのように見える特殊円盤で支えているのでして、比重の大小により、その支えるところが単機の場所と二機、四機の場所があります。そして足のように見えるのは、自走路へ土砂を運ぶコンベヤーの筒なのです」

私たちの自走機は、いつの間にか土砂の採くつされている丘の上に来ていました。そこで自走機を降りて、雑草や柏の葉によく似た木がまばらに生えている中を歩いているうちに、土砂が切り崩されている断崖に出ました。断崖は五、六十米ぐらいあろうと思われます。近づくと足底から崩れ落ちるのではないか、というようなヒヤリとした感じをうけました。それで彼をかえり見ますと、ちょっと微笑したまま工事現場を見降しておられます。

「足もとの土砂が崩壊するようなことはありません。自然に崩壊するのでなく、それは特殊の電磁波を放射して土砂の団粒組織を破壊しているからです。この粗い波動を使用する前に四囲にいる宇宙人に知らせます。地球での音響による伝達方法、つまり号砲や鐘やベル等のようなものですが、音になる前の波動で知らせます」

「えんえんと連なっております自走路は、いったいどこまで走っているでしょうか?」

「それはここからではわかりませんが、人工基地を建設している現場までつづいています」

葉脈のようにはり巡らされている天かける自走路と、これを吊り下げている円盤、自走路先端にある漏斗状の採掘場が、幾つとなく大きく円を画いて並んでいます。その中をコマ状の円盤が、花から花へと飛び廻る蝶のように、穴から穴へと忙しそうに飛び廻ります。地上では扇の形をした機械が、ブルドーザのような働きをしています。その後方に幾つも丸い苞《ボウ》のような建物があります。そのうしろに材料置場のような長方形の建物が幾棟も見えます。葉脈の中心部には丸い苞のような建物が見えます。この時、この雄大豪荘な天の掛け橋も、一度暴風雨に見舞われたら、いったいどうなることだろうか、その時の処置はどうするか、という疑問が次から次へと湧き上りました。何気なく彼を見た時、彼も微笑しながら私をかえり見ました。その眼は底知れぬまでに澄み切っております。その中にいい知れぬ温さを感じます。

基地には暴風雨地震など一切ない

「基地では、地球のような暴風雨は全くありませんから、そのような心配はいりません」

私は長い間、地球世界での粗い波動の中で生死を繰り返して来たので、物事を観察したり、またこれを理解しようとする時、知らず知らずのうちに地球での習慣が基本となっていることに気づきました。

「そうですね。さきに暴風雨や地震や寒冷極暑等、地球世界にある自然の暴威というような悪条件の伴うようなものは一つもない、とお教え下さいましたね」

「そうです。地球世界のすべての現象は、地球人類の五ッの粗い波動を基準として、交叉に交叉を重ねてできており、これらの現象を真実なものとし、すべてのすべてとして見誤った、つまり顛倒した想念が積み重ねられ、それが大神様のみ光と混和して、真理と妄想とが混じってできておりますので、この顛倒妄想が次第に積み重ねられて飽和点に達し、自然に自潰する時、大きな天災となって大きな不幸を人類に及ぼします。このことをよく知っておられる大神様は、未然に消し止めようとしてお働きになる姿が、風水害となっているのでありまして、そのまま放置されたとするならば、幾層倍の大きな災害となって崩れてゆくものです。

それで降雨なども、地球のような黒雲が幾層にも重なって、視界を全く遮断する状態、曇天として雨天として、地上を圧迫するような雨雲の走ってゆく景色は見られません。雨は必要に応じて降りますが、黒雲が太陽を覆い、昼なお暗きというような状態は起らず、薄もやをはりめぐらしたような状態で雨は降ります。それも毎日毎日降り続くのではなく、夕立のようにサッと降ってはカラリと晴れます。

さきに申し上げましたように、水そのものを構成する分子の結合においても、地球上で水を構成する分子以外の分子をも含まれているということを思い出して下さい。顛倒した想念が累積して、大きく覆いかぶさっている地球上では、基地と同じような容積や内容を持つ物でも、月の約三倍の重量となります。このような基本的な相違をつねに考慮に入れて対処しないと、基地での経験は理解において大変困難を伴います。

このような基本的な相違は、従来学ばれた地上のいろいろな科学的な知識が一切役に立たず、白紙に戻して再出発するのであります。それでないと、これから見学する土木工事の現場でも、全く理解するに困難な状態を、平然として最も自然に活動運行している状態と、否応なしに認めざるを得ないのであります。それごらんなさいよ、天かける橋を。天高く中空に浮ぶかのように、そして視界の届かぬさきざきまでも続くこの事実を」

彼が私に教えようとし、いかにしたならば理解できるだろうかという熱意が、ヒシヒシと私の胸に響き、思わず眼頭が熱くなり、私はただ「ハイ」と答えたのみで次の言葉が出ません。中空に浮ぶ橋なんてそのようなことがあり得る筈がありませんが、現実は私の眼前に展開しています。次の瞬間、この素晴しい理論の一端でも知って置きたい、という想念が私の心に起りました。

天かける自走路を吊りあげる浮揚円盤

「中空で特殊円盤が吊り上げているようでありますが、あの円盤の中に宇宙人がいて操縦しているのでしょうか?」

「この円盤には宇宙人は乗っておりません。無線操縦のように特殊波動を使って、指令所から自由に動かすようになっております」

「あの翼のように見えるのはなんの役をしているのでしょうか?」

「この工事の全体を掌握している指令所が、向いの山の上にあります。そこにはいろいろな設備があります。この浮揚円盤には自力でキャッチする宇宙波だけでは浮力が足りません。できるだけ小型にして強力な浮力を持たせるには、指令所で宇宙波を電磁波直前の波動にまで落して、浮揚円盤に送っております。翼のように見えるのは、特定の方向に送っている波動をキャッチする受波機で、翼面は昆虫の複眼のように感度の強い受波器が翼一面に詰っていて『波動の眼』の役割を果してあります」

「浮揚円盤の真下における電磁波の影響は受けないものでしょうか?」

「初めて中型機を見られた時に、円盤の昇降や斜行平行、飛行におけるジャイロコンパスの中の水晶球の働きによって、自由に飛行できることを知りましたね。それは超強力な敏感な水晶球の働きにより、放磁器筒の放射口の角度を変え、また電磁波の量を調節しているのです。それで円盤を取巻く電磁波は、絶えず型を変えながら飛行に都合のよい状態になるものです。(叉点と叉点の間隔を変える)浮力と速度の関係は簡単に申し上げられませんが、電磁波をピラミッド型に放射して、叉点と叉点との間隔を縮めることによって強力な浮力が得られます。この場合速度を要求しませんので電磁波は分散します。それでも工事現場に働く宇宙人は、潜水服のような電磁波防止用の服を着て働きます」

「工事場では何時間働くのでしょうか?」

「工事は昼夜無休で継続しておりますが、宇宙人は六交代で働きます」

「そうしますと四時間労働となりますが」

「時間のことを申上げて置かなかったのですが、地球での時間と基地での時間は全く違います。

約二分の一ぐらいと思っていただきたいのです」

このような説明を彼から聞いているうちも、広大な工事現場の空を、小型の円盤が何機ともなく飛んでおります。簡単に着陸しては飛び去ります。

「あのコマのような型をした円盤は、どうして土砂を崩してゆくのですか?」

「あれには宇宙人が乗っております。中から土砂の崩壊状態や指令所よりの指令や、現場の各部署にいる宇宙人との連絡を絶えず保ちながら、全く一分のゆるみもなく働きます。があれは宇宙波受波の装置はありません。受発信だけです。それでエネルギーは保蓄するように設計されております。最も粗い波動に変えて放射するのでありますが、弾丸を撃ち出すように電磁波が激突しますと、土砂は見る見るうちに崩れて、本来の単一な状態になります。中心の軸の一本足も、細く高い頭も伸縮自在であります。あれは交代する毎にお山の指令所に飛びます。そこでエネルギーの補充をして、宇宙人も交代し再び現場に飛来します。指令所にはいろいろな設備や機器があります。同時に十数機の円盤のエネルギー補充ができます。特定方向への送波は初めに微弱な電磁波を送り、それがキャッチされるとすぐに一部が帰って来ます。それで相手の位置を捕えます。

そしてあのコマのような円盤も、飛行する時は頭や一本足を全くなくして、普通の円盤と同じように飛びます。それと工事現場はあまり近よらないほうが安全です。電磁波の防止服を着ていませんから」

しばらく彼は無言のままで見降していたが「人工基地の建設状態を見学して見ましょう」といい

ながら自走路へと引返しました。名も知れぬ草が一米ぐらいにまで伸びて一面に茂っております。赤や黄や紫の花が咲いております。近くから鳥が飛び去りました。うずらによく似た鳥でありました。

「アア鳥が」と思わず声を立ててしまいました。

「基地にも鳥がいるんですね」

「そうです。基地にも鳥や小動物は生息しておりますが、地球上で見るような猛禽類はおりません」

「家禽類はおりますか?」

「カナリヤ、インコなどによくにた鳥はおりますが、いずれもわれわれの愛念で生かされております」

このような会話をしながら、草の伸びた原野を歩く内に、ふと自分の動作の軽やかさに気づきました。今まで基地の状態を見て廻るうちは、大部分が円盤や自走機で乗り廻っていたためか、徒歩で山野を歩いたのが初めてでありました。けれど雑草の茂る原野を歩くうちに身がとても軽快で、不思議なほど楽々と行動ができるのです。ちょっと飛んで見ても、思ったより軽く、二、三米ぐらいは軽く飛んでいることに気づきました。

間もなく私たちは自走機の人となり、円盤到着場へと急ぎました。基地の空には雲一つなく、秋空のように底知れぬまでに澄んでおります。その中をいろいろな型の大小の円盤が飛び交っております。それぞれ速度は違いますが、ジェット機ぐらいの速さです。けれど大気圏を飛ぶような速さではありません。

基地の時間と時計

到着場に入りますと、まず階上に昇り、待合所の椅子に腰を掛けながら中央にある告知板を見ておりますと、例の如く忙しそうにいろいろな光の点滅が繰り返されておりますが、私はそれを解読するまでにいたっておりませんのでわかりません。しかしその横に六個の灯がついているのに気付きました。一番左の灯は瓢箪のようなかっこうをしていて二個の灯が互に溶け合っているように見えますが、そのうちに二個の灯は色が変ってゆきます。その横にごく小さな灯が忙しそうに同じ色と早さで点滅をしております。この時「あれはなんでしょうか」と思わずいってしまいました。

「あれは地球上での時間、つまり時計のような役目をしているのです。今、地球上での十一時頃となりましょう」

「一日はやはり二十四時間なんでしょうか?」

「地球上での午前と午後のように一日を表裏の二つに区分されております。表が七区分、裏が七区分となり、そして一区分が七十に細分され、更に七十に細分されます。その七十分の一は地球上での一秒よりやや早いようであります。

基地には基地の時間があり、地球には地球の時間があります。時間、それは波動の世界における縦と横との基幹線を示すものであります。横に当る時間の規定がないと、縦の波動を規定することができません。宇宙科学は時間と波動の十字に交叉する所が、その星々その世界においての出発点となりましょう。宇宙の大根源、一なる大神様から発せられる波動は、大神様より遠くなるに従って波動が変化してゆきます。粗くなります。ですが遠くなるということは距離的に遠くなることでなく、その星々に住む人類の想念の波動が遠近を決めることであって、時間空間的な計数のもとに距離を定めるものではありません。この大宇宙に散在する一兆億にも近い星々にも、一つとして同じ距離の規定を持つ星はありませんが、その星々における波動につまり遠近に相対して、各々の時間があります。その波動と時間が十字に交叉して、天体上の地位、天命となって、無限の運行進化へとたどってゆくのであります。人類の進化、霊化が進むにつれて、時間と空間が短縮されてゆきます。そして大神様と一つとなった時、そこが時空なき世界、波動の根源として相対を超えた絶対界といえましょう」

「私たちが大神様と一つとなるまではどれだけかかりましょうか?」

「そうですね。時空を異にする、星から星への進化の段階は、無限に近い数にのぼりましょう。それと時空を異にする世界を計数規定し、また推知することはできません。考えても無駄なことです」

「大神様から遠く離れ過ぎている世界に住む人類は、その進化が遅れるばかりでなく、むずかしいのではなかろうかと思えますが?」

「そうです。大神様は、初めは人類を単調で進化向上するようにご計画されたのですが、各自が思い思いの道に進み、自分は神様から分れた生命であることを忘れ、転落するものが多くなったので、改めて大神様はこれら人類の救済指導、そうして守護の役目を帯びた特別な波動を送られたのです。それが天使たちとなり、各人の背後にあって今なお働き守り導き続けられておられるのであります」

円盤到着場の告知板上における、あまり気付かぬ一個の信号灯からも、このような深い真理をなんのよどみもなくじゅんじゅんと説き明してくれます彼は、愛の化身そのものの如く感ぜられるのであります。しかも高く深い真理を説きながら、その一言一句はなんの力みもなく、平々旦々として、ありふれた日常のことをありのままに話すようであります。「平常心」とはこのようなものではなかろうかと思われました。その時告知板上に、変った光の点滅が起りました。

最高指令所と一人の統治者

「空のタクシーが到着します。十二号指令所所属の大型機であります」

「空のタクシーにも各自の所属があるのですか?」

「この星の基地にも、一基の統御塔つまり最高指令所と、表裏各一基の副統御塔と、それに各七ツの指令所が基幹となっています。つまり十四か所の指令所の外に指令分所や連絡所が無数に設置されております。各種の円盤や機器や施設に到るまで、みなどれかに所属してないものはありません。これがこの星の社会機構の根幹となって運営されているのです。十四の指令所と副統御塔の最高責任者によって、この星の最高会議が開かれますが、最後は一人の統治者によって採決されてゆくものです。この星の統治者は、素晴しく進化した星での、長い経験と高き叡智と限り無き愛念の所有者で、この星の人類の社会の進化向上のために、日夜を分たずに尽されているのであります。そしてこの星を司る親太陽よりの援助を得てこそ、初めて自己が完うされてゆくことを、この基地の宇宙人の誰一人として知らないものはありません」

ピカリとした閃光と共に、空のタクシーが到着しました。幾人もの宇宙人が降りて来ます。降り終ると、緑の信号灯がつき、待っていた宇宙人が乗り込みます。私たちものりました。乗り終ると音もなくドアは自動的に閉ります。私たちが廊下を歩いている間に基地を飛び立ったようでありま す。私たちの室に入りますと彼は早速指令所に連絡をしております。私はボタンを押して窓を開けて地上を見下しました。一千米ぐらいかと思われる高さを飛んでゆきます。上昇面から平行に移るまではあまりスピードを出しません。それと低空の場合にはゆるやかに飛んでおります。空から工事現場を誰か見ているからではないかとも考えられます。

連絡を終えた彼は「次の到着場は人工基地です」といわれました。私たちは席の暖まる間もなく、空のタクシーを降りることになりました。空から見降す間もなく、なれぬ人がバスを一停留所乗ったようなあわただしさで、人工基地の到着場に着きました。

人工基地に到着

建設中の人工基地の上空を、アッという間に飛び過ぎて、空のタクシーが到着したのは人工基地の到着場でありました。ここは標高百二、三十米ぐらいの丘の上に建設されたもので、外見は普通の到着場となんら変ることなく、競技場を偲ぶ偉容でありますが、この到着場が天然基地と異なった所は、ただ一個の点としての孤立した場でなく、物凄く宏大なる規模のもとに設計された、その精密な科学工場の触角という感じであります。

この到着場の一階と地下の室には、地下にある基地への通路とそれに関聯したいろいろな計器や指示灯や、内部の組織や配列や各状態を一見して理解できる指示板や、その他の基地で見受けられないいろいろな器機類が特に目立ちます。

私たちは空のタクシーから降りて、地下室へは行かずに真直ぐに外に出てしまいました。私は彼の後について急いで場外へと出ました。

丘は大きく円陣を造りながら、七分通りできておりますが、後の三分が工事続行中であります。ふと見上げますと、工事現場から延々と続く自走路は、私たちの頭上を通って目下建設中の工事現場へと走っております。

この丘は、峻嶮岩肌を露出しているという岩山でなく、全くなだらかな起伏があって、規則正しく尾根が中心に向って流れるように創られております。一見して人工によるものであることにすぐ気が付きました。あまりにも全体が調和した整った容姿を持っていることから、人工基地だナーとの感じを受けるのであります。

一歩外に出ますと、幾条も自走路が走っております。丘の上の到着場は一、二個でなく、ずい分あります。それも大基地、中基地、小基地とに分かれているようであります。このようなことを感じながら私は彼の後について歩き始めました。ちょっと歩いたと思った時、彼は立止って、大空を走る自走路を見上げながら話してくれました。

「あの工事場から採取した土砂が、この天かける自走路の上を流れて、人工基地現場へと運ばれてくるのです。地球上での計算ですと、十キロ近くの距離があります。この基地建設の順序は、最初に中心となる指令塔が建てられます。そして指令塔を中心として四囲の山々が一方の口から建設されてゆき、最後は中心基幹線の自走路を経て着工した所に戻ります。そうして大きな円形の人工基地が完成されてゆくのです。この基地は地上が五ツの区分、地下は一区分よりなっており、その内の一区分が幾階にもなっている処と一区分をそのまま一階に利用している所があります。その中に中小型母船を収容する一大空洞も創られております。母船の入口は丘の中腹にあるトンネルの入口のような所がそれで、内部は母船を移動し、安定を保ついろいろな機器があり、また自走路や昇降機の外に、基地全体は一個の機密室のような状態に置かれておりますので、気圧の調節や排気吸気、温湿の状態、各種の機器類が出す波動を吸収する装置や、七ヶ所から捕えた宇宙波を多段式に分離するその中間における還元、親和、相反等の個性を利用して、いろいろな用途に用いております。大規模な分離装置やこれらのエネルギー保蓄槽等、数え切れないいろいろな機器類が一糸乱れることなく、整然として配置され、活動しつづけるのであります。全体が一箇の意思を持った素晴しい能力を発揮する場となっているのであります。この人工基地はこの社会での重要な機構の一つとして、大きな役割を果しているのです」

建設用資材は特殊物資

「この基地建設の骨格とでも申しますか、中軸となる材料はいったいなんで、またどうして創られているものでありましょうか。地球での常識で考えるならば、鋼鉄の組立てが主体となって、幾何学的な計数のもとに、いろいろな材料が組合されて創られてゆくものでありますが、その点はいかがでしょうか?」

「そうですね。現在の地球での建設資材は、鋼鉄やセメント煉瓦木材等が主な資材となっておりますが、このような鉱物や植物の資材を、各々の精錬抽出等の加工工程を経て得る材料を主体とする時代は、遠き過去にあったことで、地球上の時間で申し上げますならば、幾千年も前のことであります。現在は素晴しい科学が創り出す合成物でこれら基地は造られてゆくのです。これは鉱植物を原材と致しません。波動分離の工程中に起る『光波』『気体』『重気体』『液体』『半個体』『個体』へと、更に使途に応じて強度、伸度またその他の個性を附与しながら、時限変質（硬化）を主体とした利用方法を用い、骨格を組立てるのに、加熱されたリベットをエヤハンマーで固めるような方法は用いません。液体に熱された合成液は鋳型の役割をするガイドの上を流れます。射出される合成液は、外気に触れた瞬間から半固体と変り、射出口の型状によっていろいろな型の材料が創られてゆきます。

建設現場にはいろいろな円盤が飛んでおりますが、合成液のタンクを抱え持った円盤が中空に停止して、タンクを必要な位置に移動します。今かりに五十米のI字型の梁を創ると致しましょう。ガイドの上のローラに乗って送り出された材料は、受け軸の処までゆきますと、接着剤で接着する如くに連結されてゆくのです。この合成鋼とでも申しますか、合成された物質はあなたがたの地球上での鋼鉄の何倍かの強力さを持っており、そして重量は五分の一であります。これは私が説明するよりも、実際を見られることが理解の早道かと考えますので、自走機に乗って現場に降りてみましょう」

といいながら、自走機のあるほうへと歩き始めました。完成された分の基地の丘は、芝生のような植物が植えられてあって、それだけ見ておりますとゴルフ場を思わせる、伸び伸びとした単なる静かな丘にすぎないのであります。

中央指令塔への途上で

この丘には自走路が縦横に網の目の如くに走っております。そのうちにはロータリーもあり、平面交差もあり、内外を結ぶ幾すじもの線が見受けられます。引込線の処に自走機が待機しております。丘の上のロータリーには自走路が四方から集っておりますが、中央に各線の行き先や連絡所などが表示されているようであります。

「中央の指令塔までゆきましょう。あすこにはいろいろと参考になるものもありますし、この基地を一手に掌握している処なので、展望が一番よくきくと思いますから」

私たちの乗った自走機は、内側に走る一方の尾根の稜線上を一直線に指令塔に向って降りてゆきます。途中大きな母船の入口が見受けられました。近くで見る母船の出入口は誠に大きなものであります。私はトンネルの入口のように馬蹄形をしているとばかり思っておりましたが、それは誤りで楕円形であり、その入口は皆一様ではありません。これを見ているうちに、私にいろいろな疑問が湧いてきました。母船の格納の場合に起る問題であります。自力で動くとするならば電磁波の扱いをどう処理するか？　また他の別な力を貸りて動かすとするならばどんな方法を採っているか？　また基地全体の気圧区分は？　不良瓦斯《ガス》と給気の関係は？　各種の機器類の活動に伴って起る個々の特殊波動が互に交差されてゆき、これが全体に及ぼす関聯について等、また外気を遮断するとするならば、母船のようなぼう大なものが出入する場合には全く不可能となります。徒歩と自走機の到着場への出入りに際して起るこれ等諸問題の一つを取り上げても、なかなかむずかしい問題でありります。私は自走機上にいることを忘れて、いつの間にかこのようなことを考えているのでありました。

その時彼はひとりごとのように話し出しました。

「そうですね。人工基地の機構や機器については、あなたがいろいろと思いめぐらしても理解できるものではありません。実際を見ながらその度に説明することに致しましょう。眼と耳と波動の三つで感じ取られることが一番よいと考えられますから」

その言葉は私の心の中に泉の如く湧き上る想念を簡単に消してくれました。私たちの自走機は一直線に指令塔に向って走って行きます。その時彼は一心に指令塔をみつめておられるようでありました。テレパシーで自由に話される彼ですから、これから行く指令塔の司令と、何か話しておられるのではなかろうか、と私はふと感じました。その時の彼はちょっと寄りつき難いものを感じさせました。

自走機は稜線を過ぎて平地を走ります。自走路の両側には美しい果樹が規則正しく植えられています。ちょっとりんご園のような状態で、あまり大きく高く伸びておりませんが、樹の生長ぶりから見て、もっともっと伸びてゆくように見受けられます。基地の建設に伴って植えられたものでありましょう。青々と繁る葉っぱの中からは、果実の姿はまだ小さいのか見つかりませんでした。

指令塔は大ビルであった

指令塔のまわりを自走路が大きく取り巻いてロータリーをなし、また十字に塔の中心部を貫いております。機のスピードを落した彼は、自走機をそのまま塔の中心にむけて進ませました。塔というと、なんだか細長いという感じがしますが、ここでは一大ビルの中に吸い込まれたような感じであります。中心部に行きますと、幾条にも自走路があり、出入の宇宙人もかなり大勢おります。大きなホテルの玄関とでも申し上げるようなあわただしさがあります。塔の中心部は大小いろいろなエレベーターがあるようであります。

「エレベーターで上に昇って見ましょう。工事現場を見ながら説明することにします」

「このたくさんのエレベーターをフルに使う時があるのでしょうか?」

「他の星の宇宙人が母船や円盤に乗ってこの基地に到着した時は、階上にお招きすることになっております。数千人も同時に収容できる大宴会場、談話室、小会場やいろいろな使命を帯びたグループの会合室等ずいぶんとたくさんの室が用意されております。このように遠来のお客様が大勢で見える時など、このたくさんのエレベーターでもフルに活動致します」

この塔の天井は、物凄く高くてドームのように円形になっております。告示板や告示灯が至る処にあります。私たちがエレベーターの前迄行きますと、宇宙人が近寄って来ました。彼がその人に自走機を渡しましたが、その人はつぎつぎと入って来る宇宙人の自走機を手際よく整理格納してゆきます。私たちは中型のエレベーターに乗りました。乗り終ると自動的にドアが閉ります。固い金属で創られた鋼鉄の室というような感じでなく、大変軽くて柔かい感じがするのが特徴です。

最高司令官との会見

指令塔を昇る

「司令に会って挨拶をしてきましょうね。一番上まで昇ります」

といいながら彼はボタンを押しました。軽いパチンという音と共に緑の灯がつきました。それと同時に告知板上の灯にいろいろの点滅が起りますが、それも一瞬で消えてしまいました。

ふと気づいた時は、エレベーターは止ってドアが開いていました。とても明るい廊下に出ました。白色に塗られた実に清潔という感じを受けます。廊下を歩いて突き当りますと、窓際に出ました。そして私たちは一瞬にして物凄く高い所まで昇ってしまったことがわかりました。窓から下を見下しますとあまり高いので全くヒャッとする感じです。人工基地の山々や工事の行われている現場が手に取る如く見られます。私はくい入るように下を見つめておりますと、彼から声をかけられました。

「司令から説明を聞きましょう」

「私は全身がふるえるほど衝動にかられます。それは私が知りたい、教えていただきたいということがあまりにも多いからであります」

「そんなに意気張らなくてもよろしいのですよ。あなたにわかるまで親切に教えてくれますから。ここの司令はあなたに会う前からあなたをよく知っておられますから」

と彼は微笑しながら、なぞのようなことをもらしました。

「へえそうですか」といっただけで私は次の言葉が出ません。なんだかスウーとここから脱け出すような感じで、ポカンとしながら、彼の後から歩いているのでありました。

白く輝くような塗装された廊下を右に回ると、室の入口の前に出ました。ドアの前の上の処に七ツの輪が重ってあります。その中央は白黄色に光っております。その外輪にやや小さい七つの輪があります。このような写真機の絞りとでも申上げますか、これは何を意味するかわかりません。ドアは空色をした硝子のような透明枠が幾段も次々と重り合った一番奥の処にあります。彼がボタンを押しますと、告示灯の点滅が起りました。これを解読してか彼は、私をかえりみてちょっと笑いました。

お待ちしております、どうぞ中へお入り下さい、との司令の返事のように受取れました。ふとその時、私は丘から降りる際の彼のテレパシーのことを思い浮かべました。先に話されて了解されておられたものと思われて来ました。

司令に会う

音もなくドアが開かれました。かなり大きな室のようであります。中央の大きな机の前におられるのが司令のように見受けました。彼は真直ぐに中央の司令に向って歩かれます。私もその後からおくれじとついてゆきます。その時司令は椅子にかけながら瞑目して、深い祈りに入られている様子でありましたが、私たちが前に進むと統一を解かれました。彼がていねいに頭を下げて挨拶をされる前に立ち上り「ようこそおいでになりました」といって明るく笑いながら、入口にいた青年に、ちょっと目くばせをしながら、かたわらの椅子を私たちにすすめてくれました。

この室は円型の室のようであり、三方が窓でとても明るく、人工基地の丘が掌の中にある如く展望されます。この室の宇宙人は十四、五人のようであります。各人共かなり大きな机を持っておられます。机の上には大小いろいろな計器を納めた箱があり、その横に濃紺色をした表紙で四百頁ぐらいの書籍が数冊あり、また記録用の帳簿のようなものが数冊ありました。それを見た私は、宇宙人でも記録することがあるのだなーと思いました。万年筆のような型をしたものがあります。それには幾ヶ所ともなく、押しボタンのようなものがついていますのや、全くないのやいろいろな種類があるようであります。

司令との対話

その時彼は司令と話しだしました。

「基地建設のお仕事は大変でございますな」

「皆様の努力と愛念が一日一日と実を結んで、工事が進展してゆくのを見ておりますと、感謝で胸がいっぱいになります」

「このような大工事は、いろいろな科学機材を運用する細心の注意と、遠大の計画が必要かと思われます。何かと気苦労が多いことと思われますがいかがでしょうか?」

「工事は各種の部門に分れ、またいろいろな段階をへて工事現場へと結びついております。そして部門部門に責任者がおられて、その部門を司っておりますが、工事は一貫した流れになっております。そしてこの流れの集結がこの指令所に集っておりますので、ここにおりますと、初めから終りまで一見できるように組織されております。それで私たちはその流れに誤りがないかと見守っているだけで、何も力んだり意気張ったりするようなことはございません。流れるままによく見守っていることが私たちの仕事です。そして現場で働いていただく人たちへの感謝が先に立ちます」

この時私は、着工から完成までに何年ぐらいかかるのかと疑問が起りました。

「この人工基地の着工から完成するまでどのくらいかかりましょうか?」

「地球上での時間でいいますと、約二年ぐらいにあたりましょう」

と親切に答えてくれます司令は、五十七、八歳と思われます。濃紺色の宇宙服を着ておられます。一米七十糎ぐらいの背の高いちょっとやせた面長な顔、髪は黒くて白髪は見当りませんでした。ちょっと見た瞬間、私は地球上の老練なる内科医師のような柔和な感じを受けました。眼はあまり大きくはありませんが、慈愛に満ち満ち、そのお話の一言一句に深い叡智が蔵されて、それが相手の理解の程度に応じて、最も自然に流れ出るかのように見受けられます。皮膚の色は透明のように白く、落着いて柔かい物腰のうちに、いい知れぬ気高さを感ずるのであります。

この指令室には十四、五名おられて、各部署についておられるようであります。婦人も四、五人見受けました。

「工事場と指令所との連絡にはどのような方法が用いられでおりますか?」

「工事現場の各部署毎に、責任者がおられますので、その人と絶えず連絡を取っております。地球上での無線電話のような方法です。今仮りに組立部門の濃縮された熟成液を配分している円盤等は、タンクの中の合成液の量まで逐次わかるようにできておりますので、液化合成工場からこの熟成液を運ぶ円盤に全体の模様を見て指令します。また骨格の連結の進展と共に、時限硬化状態が特殊波動反応によって記録されてゆきます。それで組立中の骨格全体のバランスが、崩れるような状態の起らないように見守ります」

「この基地での中小母船の収容能力はどのくらいでしょうか?」

「母船は中小合わせて四十七機収容できるように設計されてあります」

「この人工基地を設計したのはどの星の宇宙人でありましょうか？」

「金星の人が設計されたのですが、金星の人工基地そのままをこの基地に再現しようとしているのでなく、この基地はこの基地の持つ天体上の波動がありますので、その波動の周波律に合せて目的が果されるように設計されています。つまり基本は金星の基地そのままですが、応用においては多小の相異があります。この指令塔の最上部の展望台に昇って見ましょう」

といいながら司令は腰を上げましたので、私たちも立ち上り司令について室を出ました。

廊下を左に折れて回りますと、昇降口に出ました。階段を昇ってゆくと展望台に出ました。展望台は大きな船のマストを思わせるようであり、中央に大きな円筒が突き出て高くそびえております。その少し下の処に特殊波動の送波装置が見られます。その下にいろいろな機器類があるように見受けられますが、私にはわかりません。眼下に展開する人工基地の中心として、その任務を果している指令塔は、全体を掌握するに都合よくできております。

司令は展望台の中央に進み出ると、右手を高くあげて天を指し、そして胸の上に当てて一瞬の深い統一に入りました。

これは天地合体の姿を、祈りと共に表現しておられるのではなかろうかと思えました。

塔から工事場を展望する

雲一つなく晴れわたり、どこまでも澄み切って底知れぬ青空は、私たちの心身を引締めるようなさわやかさを与えます。人工基地の中心部にある指令塔の最上部にたたずんで、静かにお祈りをした私たちは、この五体がいい知れぬ軽やかさと透明なまでに浄化されているのを感じました。その時ふと私は、基地は今、地球上でのどの季節にあたるだろう、と考えました。身が引締って爽やかな感じを受けるので秋の初めではないかと思われました。

指令塔より見る山々は、実に全体がよく調和均整の取れたなだらかな丘のように見えます。芝生のような草に包まれた基地の丘は、絵のように美しく夢のように私の眼前に展開されています。その中を大小の円盤が飛び去り飛び来り忙しそうであります。地上では網の目のように張り巡らした自走路や、指令塔ビルを中心として放射状に伸びている自走路が、黒く光って見えます。それは緑一色に染まった中に実に対照的な存在であります。その自走路を大小の自走機が走り交っております。

ふと眼を続行中の工事現場へと転ずると、主体となる骨格が造られつつあります。それは地球上でのビル建築の骨格となる鉄鋼の組立とちょっと似た所もあります。十二、三台の円盤が絶えず中空に停止して、重そうな熟成タンクを抱え持っております。その中をごく小型な円盤が、自体の軽量と自由さを利して、骨格を流す型（ガイド）の組立に忙しそうに働いております。組立てられた梁の上にも、ガイドの上にも宇宙人たちの働きが見受けられます。

工事は地下より始まり、最上部までは幾段にも分れて進行してゆくようであります。最上部は骨格が格子のように組まれた上を、丸く巻かれた薄鉄板によく似たものを張ります。その上を空かける自走路より流れ来る土砂が覆うてゆきます。一定の厚さになりますと、山形になった土砂の上から別の円盤が来て、散水するように特殊の液体を散布してゆきます。地球上でのコンクリートを造るような方法で、強固な団粒組織と変ってゆくようです。その上を仕上げ用の土砂がかなり厚く積み上げられます。特殊の整地機や地固め機が働きます。そのあとに自走路や格納庫発着場が造られてゆくようであります。このようにして人工基地の工事は進展しているのが、手に取る如くに見受けられます。その時ふと自分に帰った私は、大きく大気を吸って静かにはき出してゆきますと、自分の身が空《くう》になるかのような感じを受けました。私は司令や彼のいるのをすっかり忘れてしまっていたのであります。私は今、司令から大事なお話を受けようとして、三人で指令塔最高部の展望台上にいるのでありました。

司令のお話

司令は静かに話し出しました。

「人神様の愛念は、私たちがどのように努力しても推し計り知ることができないまでに、広く深くかつ高いものであります。私たちの基地を統治しておられる最高の上位の宇宙人にも、これらの人々を守り導かれる神々様があります。そして、それらの人々は基地のいずれの宇宙人よりも叡智と霊力に優れておられ、高い天命のもとに働いておられるのであります。この指導者を指導することの任務を帯びた宇宙人は、より高い進化を遂げて素晴しい宇宙科学の発達した星から来られるのであります。更にまたこの指導者を指導する上位の宇宙人があります。素晴しい進化した生活内容を持った、私たちの想像だにでき得ないまでの、高く優れた活動をなさっている上位の階層の宇宙人もあるのです。私たちの言葉を通して事物を理解する階層も、はるかに超えた上位にまた上位があり、際限なく進化が続いているのが宇宙人類の実体なのであります。

こうして現われた面だけでも、私たちの想像にも及ばないものが親神様の御心であります。私たちの進化の程度によって受け取られるのが私たちの範疇でありまして、それが親神様の愛念のすべてであるかの如く感ぜられたりするならば、大きな誤りであります。それは真実の自分を忘れた時に起ることとであります。大神様の愛念は、その人類の住む世界の波動の振幅に応じて現われてゆくものであります。その中にあって、各自の天命のままに最高の振幅の常持者であることが、大神様の愛念へのよりよき奉仕者つまり顕現者となることができるのであります。その進化の程度によって、その星の世界における波動の振幅が決まり、一つとして同じであるものはありません。こうした世界を、次から次へと昇華を続けるのが人類なのでありますが、これは現れの面だけで、真実の人類は光り輝く生命の大河の如く、輝く光体そのものであり、大親神様から発せられた御光は、大宇宙へ、無限の彼方へと今なお広がり続けているものであります。太陽の如く輝き、光を投げ与え続けているのが人類であります。人一人一人が光体であって、太陽の如く輝ける神性を発揮できるように、進化への一途をたどっているものです。

進化とともにその光体は大きく力強いものとなってゆきます。次第に大きさを増して、しまいに一つなる大親神様のもとに帰るのですが、それは今の言葉や波動で表現できるものでありません。で初め無き終り無き光の流れとでも申上げるより外はありません」

と言葉を切られた司令は瞑目されて、統一に入られた様子でありました。

七つの基本波動

私たちも司令のように瞑目してお祈りに入りますと、司令と工事現場とのテレパシーが手に取る如くに響いてまいります。儀装中の六号中心部の責任者よりの連絡が行われております。人工基地の中枢神経とでもいうべき波動分離計数報知機の公約価を求めているようであります。二、三、四、五は同じです。七と一は同価となり、六は五と七との中間を取るように指令しておられます。それが終ると間髪を入れずに、次から次へと各責任者から入って来る応答に、全く余念がないのが実状であります。それなのに、私たちにあのような高遠なる深い真理を静かに話して下さった司令の心の内がわからなかった、大変お気の毒をしたというような想念が走りました。

「私どもはこうして皆様とお話していても、私の仕事に差しつかえるようなことはありません。この工事もあと二ヶ月ぐらいすると完成します。それが終れば、次のこれよりももっと大きな基地を建設する所に移ります」

「ただ今テレパシーでお話になった六号中心部とはどの辺でしょうか?」

「大宇宙の無限数に近いそれぞれの波動を大きく分類しますと、七ツの基本波動となります。この七ツの波動が働いて、小は分子電子から大は宇宙に散在する大星群の島宇宙に到るまで、いずれもこの七ツの波動が交差することにおいてできているものです。こうした法則がこの基地にも働かないという例外はありません。ごらんの通り、円盤の到着場が六ヶ所あるでしょう。あとの一つは今建設中の丘の上にできるのです。この基地も七ツの異なった区分を持っております。その区分毎に内部の設備や機器類に到るまで、皆一様でないのです。母船は三、四、五の区分の内部に収容されています。一と七は自走路を経て相対します。円盤到着場と到着場の中間や尾根の所には、ドームのような型をした大小各種の円盤の格納庫となっております。内部の階層も区分毎に違います。区分と区分との間には重気体の断層幕が張られ、遮断されております。この人工基地全体を通し、気圧は外気圧よりやや高く、いつも保たれるように設計されております」

「七ツの基本波動をどのようにして捕えることができますか。また分離抽出した波動を混和し、エネルギーとして利用するまでの経路の大略をお教え下さらないものでしょうか？」

「円盤最上部にある宇宙波受波機と同様の原理で造られた、受波機と高度の波動分離機が一体となった基地用受波機があります。ダイヤルを廻すことによって大宇宙の中心（根源）より発せられた波動が、交差に交差して、いろいろな形や性質を創っているのですが、必要な波動だけを簡単に捕えることができます。それは地球上でのラジオの波調をダイヤルを廻して捕えるのと同じような原理です。波動分離の方法やその応用の面だけでも数千種以上のものとなりましょう。これは研究室でゆっくりとお話しすることにします。この基地の最大の工場とでも申しますか、相当大きな面積に大変複雑な機器類が設置されています。基地の中心部となる第四区分の一層に大気密室があります。ちょっと人体の呼吸器に相当します。波動受波や分離が頭とするならば気密室は肺臓です。この基地の気密室は一見しただけでは理解できるものでありません。地球上での進歩した化学工場に似ています」

「基地の内部を一度拝見できないものでしょうか?」

「目下建設中ですから、全部に渉りお目にかけるわけにゆきません。それは強烈な波動をさかんに使用しますから危険です。近寄らないことになっておりますが、儀装を完了した所ならいつでもごらんになって結構です。それまでにこの塔の上部にある大ホールやその他の室々をお目にかけましょう」

といいながら、私たちをかえりみて微笑みました。「よろしくお願いします」とM氏が即座に返事をされました。

大ホールに案内される

司令は軽くうなづきながら歩き出しました。私たちは司令の後から、前に来た廊下に出ました。エレベーターの所まで来ますと、女の人がエレベーターを待っているのに会いました。ちょっと私たちに会釈した時、指示板上に大きな点滅が起り、ドアが開きました。司令が先に私たちそして女性が最後に乗ると、ドアが閉りエレベーターが動いたと思った瞬間、止ってドアが開きました。司令や私たちが外に出ますとエレベーターはそのまま下に降りてゆきました。廊下を経て大ホールへの入口はかなり大きなドアが二つあります。私たちが前までゆきますと音もなくドアが開きました。二千五百から三千人を収容できそうな大ホールであります。全部椅子式のようであります。中心部に向って半円形のステージを中心に、放射状に幾筋かの通路があり、椅子はボタンを押すと自動的に組立てられるようにできています。

「このホールは他の星々から来た人たちを招待するのに便利なように設計されています。その時は基地の人も大勢集って共に歓談するのであります。また星から来た人たちの代表が交互にステージに立って、いろいろな体験談を話します。その時は話す人の波動に応じて音楽が流れます」といいながら天井をちょっと見られました。「大ホールの天井の中心点より、放射状に透明な細い管が広がっています。それに重なるように中心より円型の輪が次第に大きく広がって、天井一面に張られております。ステージの言葉や音楽が一度天井の中心に集められ、そこからホール全体に均等に広がってゆくようになっています。この塔の上部の機構は四区分になっております。上の二区分は指令塔要員の常駐する室になっていて、いろいろな精密な機器類等が設置されています。次の二区分は四階と五階とになっております。これ等各階は大ホールから個室に到るまでいろいろな室がありますが、ここでは管理する人以外宿泊することがありません。宿泊は下の塔のビルでするようになっております。各ホールは、扇型にステージを中心に広がっておりますが、皆それぞれ異なった目的のために使用できるように設計されております。どの室にも波動が均等に分布されるような装置がありますので、どこにあってもそばにいて談話を聞いているのと同じようであります。いろいろな学術会議の研究発表には、特殊の映写機が使用されて、幾個も画面が同時に映写され、その内容の進展移行や変化の状態が一見して理解できるようになっております。これに対し質問をしたい場合には告知板を通して解説者に伝達されます。

また基地には基地の社会機構があり、衣食住に関し生産から需要者の手に渡るまで、また教育や宗教や芸術、科学、土木、建築等、地球世界にある機構とよく似たものが皆それぞれあります。けれど地球上の社会機構と根本的に異なったもので、この社会の基本的な通念となっておりますのは、一なる中心者に帰一し奉仕することで、そこから万事が始まります。こうした社会通念から、それぞれの環境や立場で遂行してゆく方法として、各人の自由があるのです。奉仕はそれぞれ各人の場を通し奉仕することであって、それは量の問題でなく、内容が問題です。その人の天命を通し、いかに純一無私の波動で奉仕でき得たかによって、その人の仕事否奉仕への深さ高さが決まるのです。それで各人の奉仕された量に応じて必需品が与えられるのですが、それはこの基地いや進歩した星々の社会機構の根幹となっているものです」

私はこのお話を聞いているうちに、地球世界でよくあることで、口でいっていることとその人の行いとが全く異なった場合を思い浮かべました。つまり偽善者欺瞞者のあまりにも多いことであります。この基地や進歩した星々に住む宇宙人で、このような行為のあった場合にはどのようになるのか。良貨は悪貨に駆逐されるようなことはないのだろうか、との危惧の念が湧き上りました。こ

うした私の想念を汲み取られたか司令は、

「この基地にいる人たちの中に、そのような人は一人もおられません。また仮りに自分の心の波動と異なった言葉を相手に話しかけたとしても、われわれは現在のその人の波動をそのまま知ることができます。だからといって幼き階層をたどる者とさげすみ、見下すようなことをする人はありません。その人の現段階に応じて親切に教えることでありましょう。そうしたことを繰り返すうちに、自分の誤り、幼稚さを恥ずかしく感ずることでありましょう。ですから良貨が悪貨に駆逐されるような矛盾は起りません」

基地の音楽と演奏

司令のお話を聞いている内に、私は音痴で音楽のことは全くわかりませんが、基地での演奏会等どうして行われるのであろうかという疑問が起りました。それと楽器は？　楽符は？　と次々と想念が脳裡を去来します。

「そうですね、演奏会に使用する大ホールをお目にかけましょう」

といいながらホールを出て、廊下から階段を降りてゆきます。階段は大理石のように光っています。その上を濃いグリーンの絨毯のようなものが敷きつめてあります。どの廊下もやや黄味を帯びた白色で塗られてあります。同じようなホールが幾つもありますので、どれがなんだかわかりません。どのホールの入口のドアの上にも、ネオンのように光る模様が浮き出されております。梅の花のような形をしたものや、菊の花のような複雑なのや、波の模様や草の模様等皆同じではありません。その色彩やその変化がそれぞれ異なっております。それは何を意味するのかわかりませんが、そのホールの特徴を示しているかのようであります。廊下を廻って幾つ目かのドアの前に来ました。それには波の上に十字に交差した、その中心から渦巻のようなマークが、あざやかに光っているのが見受けられました。演奏会の大ホールであることを直感しました。

ドアが開いて中に入りますと、二、三千人を収容できるだろうと思われる広さです。座席とステージの関係は全く地球上の様子と異なったものはありません。ステージ奥がかなり深いのが特に目立ちます。私はこのホールに入った瞬間から、何か荘厳さと雄大さを感じました。なぜか、それは表現できないものです。司令が静かに話し出しました。

「このホールの特徴は、全体に完全に防音装置が施されていることと、特に波動がどの席にあっても均等に感ぜられるように、いろいろと科学的に工夫がこらしてあることです。天井にある誘導伝播の装置は他のホールのものよりも実に精密にできております。演奏者がそのまま見られる場合と、特殊の幕を通して聞く場合とがあります。それは大勢でも一人でも同じでありまして、幕を通す場合にはその幕（それはある気体に電磁波を通したもので、幕と同じ役目をします）に音波が光波となって流れるのであります。音律の波動が光体となって千変万化しながら流れてゆくものです。眼から来る波動と聴覚から来る波動が一つとなって、人間の本質へと流れ入るものであります。それで録音の場合には、この音楽のカーテンを通します。楽器も地球上のものとよく似ておりますが、多少違っております。ピアノなどは単独のものもありますが、大勢で同時に弾けるような円形楕円形のものもあります。楽符は音律の高低を罫線で、波動の振幅を色で、それを二本から三本の線で表現します」

と結んだ司令の言葉は、全く夢のような感じでした。

「素晴しく昇華した星の世界での音楽は、その人の優れた心波を音律に変えることができるのであります」

とつけ加えた司令の言葉の内容がなんだかわかるような気がします。

ホールを幾つか見ているうちに、いずれもそのホールを使用する目的によって、目に見えない手も届かない処に、基地における科学の粋を集めた努力が払われているように感じられます。

私たちが最後のホールを出た時に、廊下に青年の宇宙人が待っているのに気がつきました。私が気がついた時青年は会釈しながら近寄って来ました。その時司令が私たちをかえりみて、

「この青年に人工基地の見学の案内をさせますから、私はこれで失礼します」

私たちは司令と青年に厚くお礼を申上げました。私たちのエレベーターのドアが閉まるまで司令は見送ってくれました。

ちょっとやせ型、長身の司令の威厳のあるよく整った顔、透明に近いまでの白い皮膚、黒い頭髪、濃紺の宇宙服、濃いまゆ毛の下の眼から、慈愛の念波が絶えず漂っているのが、私の脳裡に深く印象づけられました。

塔を降り自走機にのる

指令塔最高部より地上までの距離は、相当あるようですが、私たちが乗ったエレベーターは六、七階ぐらいを降りたかのような感じでありました。指令塔ビル玄関とでも申しますか昇降機の乗降口に出ました。玄関口はかなり広く、天井も高くてアーチ型をした出入口や、丸いドームの天井には、中心が宙に浮かぶように垂れ下った処から、柔かい黄白色の光が流れております。地上には自走機が幾台も並んで待機しているように見受けられます。その中を十数人おられる宇宙人が次々と発着する自走機の受渡しや、連絡等で忙しそうに立ち回られているのが見受けられます。ドアが開くのを待っていたかのように、青年はエレベーターより飛び出し、自走機を準備してくれます。私たち三人が乗る自走機は、幾条にもなった複雑な回路となっている、指令塔内部の自走路をよく見分けて、間違いないコースへと走るようであります。私とM氏とが並んでかけますと、青年は私たちに向い合いながらハンドルを持ちました。ほろを外したオープンカーのような格好をした自走機は、すべるように自走路を走り始めました。私たちの自走機より一足先に走る幾台もの自走機がありますが、一定の間かくができないと自走機は動きません。

自走機は絶えず前後に、一定の距離に集約叉点を持つ特殊波動を出しているようで、それが障害を受けると反撥します、その反撥して戻った波動を捕えて、自走路の吸引と反撥の運動を停止するようにできているようであります。それで衝突するようなことは絶対ないようです。空から見ますと、自走機は実に整然とした配置で動いているのが見受けられるのであります。指令塔ビルを取巻くロータリーを半径ほど廻り、第四区分の尾根のあるほうへと走ります。両側の果樹園の中を自走路は一直線に、人工基地の中心部かと思われる方向に走っております。間もなく基地の丘のすそまで来ますと、農園と丘との境の所に自走路が取り巻いております。それを十字交差して丘へとやや昇った時、自走路は二つに分れております。私たちは二つの内の左側の道に進みました。それは直線コースでなくやや外れながら平地を少し走ったと思った時、自走機は止りました。それは人工基地の丘の中への入口であります。

地下人工基地

基地の入口は遠くで見たよりも高く、また馬蹄型でなく、円筒型の中を自走路が二本並んで引き込まれているように見受けられます。入口の横にある告知板上の信号灯が、幾つも点滅を繰り返しております。私は自走機を運転している青年に向って話しかけました。

「人工基地入口の模様についてお教え願えないでしょうか?」

といいますと、青年は笑いながら大きくうなずいて、心よく引受けてくれました。

「自走機がこの基地に入る前に、告知板の上方にある丸型のスイッチのようなものが見えるでしょう（と指さしながら）あすこから絶えずある波動をかなり遠くまで放射しております。それが自走機に当って、返って来た波動を捕えて働く装置になっている遮断帯があります。なんだか雨の降るような錯覚を感ずるような、軽くサーと音を立てて流れ落ちる音を感じましょう。あれが重気体の扉で、絶えず遮断しておりますが、自走機がここを通過する時は、中が厚く働いて、遮断帯は重気体の厚い滝の中を通りぬけるようになります。それで自走機は完全に密閉して、幌を掛けながらゆるやかに通過するのであります。人や家畜に害を及ぼすような気体ではありませんが、この重気体を吸い込むと、すぐに咳が出ますので気持のよいものでありませんから、私たちは自走機を完全密閉して走るようにしております」

この時M氏が話し出しました。

「地球上で、トンネルを蒸気機関車が通るようなもので、窓を閉めて煤煙が車内に侵入するのを防止するのとよくにていますね」

「なぜこのような遮断帯が必要となるのでしょうか？」

「基地内部の気圧が、外部の気圧よりやや高くいつも保たれるように設計されております。それには幾つもの理由がありますが、そのうち主なものは、直接外部よりの影響を受けないことで、基地は独自な世界としていつも存在し得るものです。それはこれから見学する精密器機類が、いかに精巧にできているか、またそれだけ高性能なため、いつも安定した条件下に置くことが大切であるかということが、充分おわかりできると思います」

別天地の地下基地内部

やや大きな緑色の灯がつきました。自走機はすべるように遮断帯を通過しました。トンネルのような中を少し行きますと、大きな室に出ました。クリーム色に塗られた室で、廊下も広く取られてあり、その中を幾条もの自走路が走っております。この基地内部には、柱となる部分がごくわずかで、地下室というような陰気な感じなど少しもありません。それと光源は見当りませんが、内部は真昼のような明るさが漂い、全くの別天地を、形成しております。気温もやや外部より高く、この中にいる人は実に恵まれていることを痛感致します。真直ぐにそのまま進みますと、中心部と思われる所に自走路のロータリーがあります。かなりの広場になっております。この所で自走機より降りて私たちは歩き出しました。

どこを歩いても、柱らしいものは見当りませんが、廊下というような感じでなく、広い室の連続というような所であります。到る処にいろいろな器機類が装置されていることが感じられます。ここは左右十字が廊下になっているので、四つの同じような室があるのですが、入口にはどこの室にも告知板や、その他の灯がつくようになっております。それと各室の入口の処に、それぞれ異なった記号のような模様が浮彫りにされて、螢光灯のように光って見えます。青年が先に立って案内してくれたのはこの室で、エジプト文字のようなものが示されていました。

地下科学工場

ボタンを押すと、告知板上に点滅が起ります。それと同時にドアが開きました。青年が先に入りました。とたんに室内の様子が私たちの眼の中に飛び込んで来たようになりました。

かなり大きな室で、向いの間仕切は見えませんが、いろいろな器機類がありますので、私たちの視界が届きません。中央と思われる処に、二本の太い煙突のようなものが、天井から降りています。その太い、パイプを取り巻く放射筒板のような物が幾枚もあります。その板からも幾本ものパイプが流れております。直接附近の機器類に連結しているのや、または地下（床の中）に入っているものなどがあります。大小の各タンク、計器、パイプ等連続して設置してあります。ちょっと地球上の科学工場を思わせるものがあります。私には何がなんだかサッパリわかりません。計器板上の色の変化や、点滅や振り子のような働きをしているもの等、ちょっと筆や言葉で形容できない状態であります。

ただ不思議なことに、室の中に陰影が見当りませんのと、廊下よりも数等倍明るいのであります。その時青年が話し出しました。

「できるだけこの室のことについて説明させていただきます。まず中央に見える太い煙突のように見えるものは、基地の上部で捕えた宇宙波が、二段階の分離装置を通して、この処に来るのでありますが、あの円筒にまで来るとかなり粗くなっておりますので、これらをいろいろと利用することがしやすくなり、それでここでは微光波を電磁波へと変えるのでありますが、基本的には波動の分離結合への要点はいかなる媒体をどのような方法で使用するかにあります。媒体は地球上の概念で申すならば、一個の固型体であることが条件となっておりますが、基地では固体や液体となる前の波動、つまり振幅を持つある種の物が大きな役割を果しているのが現実なのでありますから、この複雑なたくさんの器機類を、いちいち手に取って教えても理解できるものでないと思われます。それで根本概念だけを申上げることにします。

この基地の増幅や偏向性や特異性を附与する場所は、二ツの役目を持っております。一つはこの区分内で使用する電磁波と、外部に供給するものとに分れています。これらの波動をエネルギーとして利用するまでに、総体的にある一点の共通点が必要となりますので、それに各区分毎に自動的に計算され、それが必要な所に知らされるようになっております。一点の指示を与えて置きますと、その指示通りに計算報知の役目をします。この基地は申すまでもなく、七ツの区分を持っておりま す。それぞれ捕える原波の量と質においても異なります。そしてそれぞれ異なった役目を果してゆくのです」

「各区分毎にこのような設備があるのですか?」

「そうです。またそればかりではありません。いろいろな実験室や研究室があります。この室を通り抜けて、次の室にまいりましょう」

青年が先頭に、M氏、私の順序で歩きました。硝子のような透明ないろいろの器具が、連続したり独立したりしてある中を、幾人もの宇宙人たちが各部署について、一心に観察をしておられるようであります。私は右を見左を向き、できるだけ多くのことを知りたいと思いましたが、それはちょっと無理でありました。致し方ないとあきらめましたが、残念で残念で致し方がございません。その時私の耳もとで声がしました。誰の声かわかりません。

「そのように残念がらなくてもよろしいのです。これらの宇宙科学は、皆あなたの心の中にあるのです。必要な時はいつでも引出して応用することができるのです。遠い宇宙の基地にある素晴しい科学のようにお考えですが、それは大いなる誤りです。それが真実に理解できないと、基地の科学は理解できません」

私は歩きながらその声に気を取られてしまいました。

「でもその方法がわからなくては理解できません」

「地球世界に春夏秋冬がありますが、あれはいったい誰がこしらえておられるのでしょう。誰もが求めなくても、秋が来れば樹々は紅葉するのです。大自然の親神様の御心が働く時に、誰もが力まなくとも自然にやってくるものです。大自然の運行のままに移りゆく姿であります。時がたてば必ずわかる時がきます」

私は急になんだか真実の人間の素晴しさがわかるような気が致しました。

「ああそうであったのだ。それを教えようとして私をこのような基地に案内してくれたのでありました。神様、五井先生有難うございました」

と心のどん底から感謝の想念が湧き上ります。次から次へと落ちる涙をいかんとも致しようがありませんでした。

私たちは次の実験室に案内されました。

宇宙波と星々を取りまく絶縁層

ここの室はいろいろな器械が室一杯にあります。私はどれもこれも知っておきたいなあと思うものばかりでありましたが、先程の声で知識欲の執着から解放されたのでありました。廻《めぐ》り廻りながら歩くうちに、図解された大きな掛軸がありました。私たちがその前まで来ますと、青年はちょっとかえりみて、

「この図は、大神様の波動がいかに働くかを、理解しやすいように作ってあるのです」

といいながら青年が指さす図は、大宇宙に散在する無限数に近い星々の内の、私たちの太陽系の星々を中心として、私たちの太陽系を司る親太陽のその上から来る波動が、変化する度に起る、各星を取巻く絶縁層の各層に起る影響を色の変化によって一見して理解できるように作られているものです。青年が傍のスイッチを入れますと突然各星々が浮かぶかのように見えて来ます。私はさきに円盤内部で見せていただいた天体図を思い浮かべました。全くそれとよく似ております。宇宙の根源から発せられる宇宙波は、私たちの住む太陽系の親太陽に来るまでには、幾重にも交差に交差を重ねて私たちの太陽に達します。その交差を重ねる状態が、よく理解されるようになっておりま

す。

「波動とはいかに複雑なものであるかを、教えようとしているのであります」

と青年はいいながら、他のスイッチを入れますと、親太陽より発せられる七ツの色の波に変ります。その色の変る度び毎に各星々の周囲を取りまく絶縁層とでも申しますか、その星を中心として幾重にも幾重にも取り巻いておりますその層に、いろいろな変化が色分けで見受けられます。ある波動が星の表面にまで届くには、大別して直接届く光線と、変化に変化を重ねて届く波動とが併行して届くものであることを教えております。太陽、それは灼熱に燃えるが如き高温で光り輝くものと思われていましたが、それは誤りで、星全体が平和と調和とに満ち満ちている緑の星であります。高き進化を遂げた宇宙人たちの常住の星であります。その星の天命によって放射する特殊の波動が、各星々の四囲を取りまく絶縁層のある一層に届くとき、物凄い光輝と変ります。その特殊の波動を受けた星々は、太陽を見る時は光輝そのものと見えるのであります。もし太陽から直接あの光輝が発せられたとするならば、赤道と南北両極の温度の差は、幅射熱とはいえ、あまりにも大き過ぎます。私たちの太陽系だけでも、灼熱の星と寒冷の星とができます。しかし金星やその他の進歩した星々には極寒極暑がないのであります。このようなことがどうして起るのでありましょうか。私はこの天体図の生けるが如く躍動する状態、変化の様々を見逃さじと、一心に見つめるうちに、私の脳裡に一瞬かすめた想念がありました。

「このように星々を取り巻く絶縁層とは、いったいどうしてできたのでありましょうか?」

「それは初めからあるものと、あとから出たものとが複合されているものです」

「この灰色に見えるのが地球ですか？」

「天体上の地球の地位です」

「灰色や茶褐色や、その他の幾重にもの絶縁層に包まれているではありませんか？」

「それは地球上の人類の業想念が累積されて、次第に厚い重い波動の層となって取巻いてしまったのであります。この絶縁層を通して、地球上に届くいろいろな波がもととなって創られている地球世界は、真理と業想念の混和している、進歩の非常に遅れた星であることがおわかりのことと思います」

といいながら歩き出しました。幾つかの実験用設備を通りぬけて立ち止ったのは、かなり大きな電気炉のような馬蹄形をした炉の前でした。その炉の中に発熱体があり、そこから生ずる熱が、右左の伝導体を通して伝導される時、幾ヶ所にも区分されて、その区分毎にいろいろな波動を放射するようにできております。その放射する波動によって生ずる光の色を捕えるようにこの炉はできております。

熱について

「この波は熱と光の波動の関係を知るためにあるので、熱体と光体との基本的な知識を教えるものであります。この炉の中で二つ以上の相反する重波動が激突する時、または強烈な波動が限定された媒体を通過する時に起る変化は、地球上でいう熱としていろいろと利用されておりますが、この熱がある誘導体を通して伝導する時、光を発します。この光に特殊の波動を放射すると、いろいろと変化を起します。こうして起る熱も光も共に振幅こそ異なりますが、共通した親和性を持つ波動の交差結合によるものであります。ここにあるいろいろな計器類が、一糸乱れず働いて、自動的に記録されるようになっております」

この時私は、地球上での熱の定義に疑問が湧き上りました。『分子活動、幅射』これらはいったいどう考えているのであろうか。

こうした私の想念を知ってか、青年は再び熱について話し出しました。

「地球上での熱は、重大なる要素が欠けております。熱として現われるまでに、大宇宙の根源から発せられているもう一つの波動があるのです。その上に立って起る変化であって、現在地球上で熱として捕えている波動の変化は、極く一部分であって、その前後に大きな熱という形で起る波動の変化の実体が知られておりません。それで原子核融合の際に要する、ぼう大な熱量の取扱いに苦心しておりますが、あれは今申上げましたもう一つの波動の調節と、その発熱体の振幅に相応した親和性の別の波動を放射することにおいて、簡単に解決されるものであります。それで基地ではあなた方が想像だにでき得ないことが、常識として用いられているのであります」

話を終えた青年は再び歩き出しました。

私は青年と共に歩きながら、地球世界の電波のように周波数の異なった幾つかの波があり、その波は、最高から最低まで一貫した共通の個性がある波を、今仮に1の1とするならば、1の2、3、4と数え切れないほどの系統別にあり、そしてまた2の1、3の1縦横に配列、分類するなら、私たちの想像をはるかに超えた、幾つかの異なった個性、歪、偏向、親和等の言葉の表現で現わせない広い深いものがあるような気が致しております。

星の心、人間の心

それとさきに教えられた、波動の振幅と数学の帰一を色で表現することを思い出しました。私たちの地球上に輝く太陽光の白黄色も、無限数に近い異なった波動が混然として一つに親和された状態でなかろうか。そして白光に輝く中心点こそ、無限数に近い波動が各々の持つ個性を一つなるものに完全に融け合って、調和している姿ではありますまいか。ああ空《くう》々々、白光に輝く帰一点。万物波動論理を表とするならば無限波動の帰一点が裏となりましょう。大神様から発せられた白光が交差に交差を重ね、一点に帰一した時、一つの星が生まれるのであります。その星の中心は白光であり空《くう》であります。こうして大宇宙に散在する一兆億に近い星も、またこれらの星々に住む大宇宙の人類も、皆それぞれの天命のもとに、白光であり空《くう》なる中心を持ちながら、大自然の運行の中で天命を果してゆくのではありますまいか。そうだ天高く輝く星、それは一人の人間と全く同じなのだ。

白光に輝く空《くう》なる中心人間の本体、この心と星の心とが通じぬわけがない。物いう星、まねく星、微笑みながら差し延べる手、幼年青年壮年老年と男女の別あって、命のままに輝ける星々、また人間は、大神様の御心のままに現われているのではなかろうか。大神様からの生命、それは星も人間も全く一つのもの、人間の心と星の心、心と心が空《くう》なる場を通して融け合う所、白光となって輝く中から、その星の波動が科学が生まれてゆくのでなかろうか——という想念が私の脳裡を走ります。その時私は私の過去一切が、白雲と共に消え去って、輝く光体の中に、五井先生の御心の中に包まれながら、生命のままに我が天命なる一途を歩んでいるのを感ずるのであります。

人々にかえりみられぬ名も知れぬ路傍の草も、深山幽谷に根ざす一株の樹の生命も、地上の王者の人間の生命も、夜空にまたたき輝く星々の生命も、それは一つなる大生命の流れの中にあった。それは神様の懐の中にみな帰ったときなのである。かくて草や樹や星々の心が、私の心と一つとなって通い交わされてゆくのでありました。

疲れを取り去る飲み物

私は青年の後について、どこをどう歩いたのかわかりません。「次は母船格納庫の状態の見学です」との意識が私の別のところからひびいてきます。でも私は今迄のように、見たい知りたいとの想念は湧いてきません。ただ機械的に歩いているだけです。その時私の脳裡に、地球上のなつかしき皆様のことが浮かび上りました。なつかしさが潮の如くに寄せてまいります。その時青年は立ち止りました。

「大分おつかれのようです。ちょっと休んでゆくことに致しましょうか」

青年の声の終らぬうちに私は即座に「お願いします」と答えてしまいました。

ちょっと歩いたと思った時、別の室の前に出ました。室の前の記号は太陽が山からまさに昇ろうとする時、輝く光を放射している姿でありました。青年がボタンを押すと同時に音もなく扉が開きました。室は白一色の豪華な応接室でありました。中央に丸テーブルと安楽椅子が六個あり、戸棚、物置き等もあり、大小幾個となきいろいろな光線を発する球が置かれてあります。青年は私に椅子に掛けるようにすすめながら自分も掛けました。そしてかたわらのボタンを押したようであります。間もなく白衣の天使かと思われるような女性宇宙人が、手にコップのようなものを二つお盆にのせて入って来ました。

私がハッとして顔を上げた時、彼女と瞳が偶然に会いました。明るさがパッと輝くような感じを受けます。二十歳前後かと思われました。こぼれるような微笑、黒く透き通るような聡明な瞳、真白な皮膚。婦人は笑いながら私たちのテーブルに近づき「どうぞ召し上れ」といいながらコップをおいて出てゆきました。青年が、

「これは私たちがちょっと疲れた時に飲みます。果実を精製して作ったお茶のようなものです。飲みますと元気が出ます」

と教えてくれました。早速飲んでみますと、とろりとして少しねばりがあります。ジュースのような味でありましたが、それは比較にならない程おいしいものです。のどを通ってゆくと、五体に

しみ渡るような感じが致します。

人工基地内部にある豪華な休憩室で、M氏と青年と私の三人が飲物をいただいて休んでいる一時《ひととき》でも、絶えず司令塔上の司令から、青年やM氏にテレパシーで連絡が保たれていることに気づいたのであります。ああそうなんだ、司令は私に一瞬一刻たりとも、無駄なく体得する機会を与えようとして、いろいろと心を砕きながら細大もらさず指令しておられるのでありました。司令様有難うございました、と心のどん底から感謝の念が湧き上って来ます。この私の気持を察知してか、青年がちょっとM氏のほうに視線を向けたと思われましたが、再び私のほうに向って静かに話してくれました。

「只今は大分にお疲れのようでありましたので、このまま指令塔のほうに引揚げようかと思って司令に連絡すると、休憩室で疲れを取るようにとのことでした。そして暫くして元気を取りもどしますから、その上で続行するようにとの連絡があり、またお疲れにならないようにゆっくりとご案内するようにとのことでございました。それで、次は基地内での母船が如何にして格納されているかを、よく見ていただこうと思っておりますが、今暫くこの室でお休みしていただく間に、母船の基本的な理論と格納に関する大略を申上げて、その上で実際を見ていただきたいと思います。母船の理論は建造された設計図がありますので、図面を見ながら理論へと進みたいと思います」

「有難うございます。私のためにそのようにいろいろとお心尽しをしていただいて誠に恐縮です。でもそうしていただくと、私としても大変会得するのに順序がよろしいような気が致しますので、よろしくお願いします」

円盤母船の設計図

「承知しました」といいながら青年は立ち上りましたが、後の戸棚に手を触れたと思った時いつの間にか内部が開かれていました。どうして戸が開いたかわかりませんが、戸棚の内部は透明な薄板（ガラス状）で幾段にも仕切りがあります。各段の横縁の一部が、いろいろな色で記号のようなものがつけてあるのが見られます。その中に設計図と思われる丸く巻いたものが幾つもあります。それを青年は無雑作に取り出しました。その設計図のような巻き紙には、その端の所にモールス信号のような、全くそれによく似た記号が点と線とそして異なった色で、二十字位のものが見受けられました。設計図の用紙は透明なビニールのように見える物で作られているようです。

これを直ぐ開けようとした青年は、ちょっと私とM氏を等分に見たと思ったその時、ふと何か考えついたかのように設計図をテーブルの上に置き、話しだしました。

これはM氏と司令の想念が、一瞬にして同時に青年の想念に向けられ、交流され、理解されていったからです。言葉なき言葉、つまり声なき言葉、時空を超えたひびき、これが宇宙人たちの言葉であることが、その一瞬に私の脳裡を稲妻の如くひらめき去るのでありました。

「この母船の設計図は、地球上で用いられているいろいろな設計図と全く異なり、一枚の図面で何十枚分にも相当するようにできております。と申上げますとちょっと理解しにくいと思われます

（上部平面図）

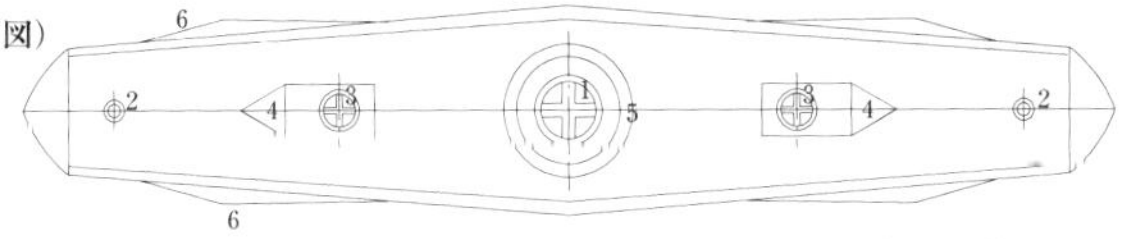

1　宇宙波受波機　3　円盤吸着板　5　廊下の位置
2　前後受波機　4　通信機　6　特殊電磁波放射装置と安定装置

（側面図）

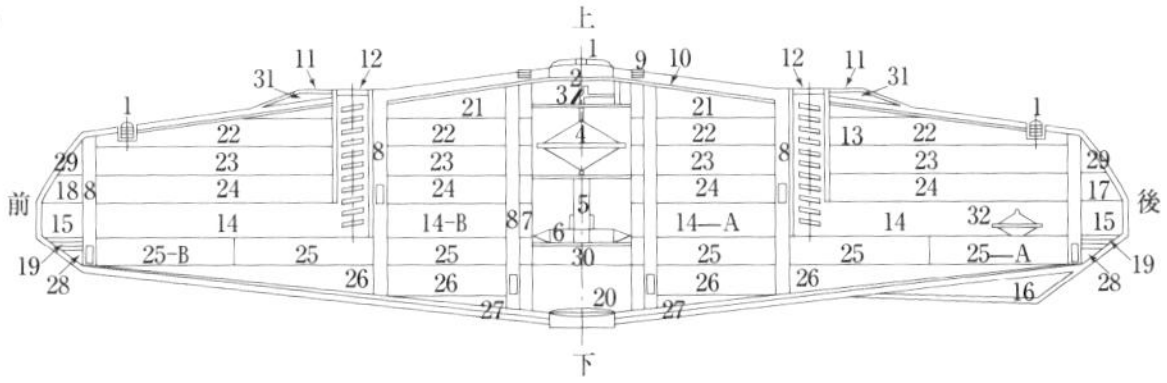

1　宇宙波受波機
2　伸縮筒
3　母船操縦室
4　ジャイロコンパス
5　電磁極
6　再生清流槽
7　通路
8　昇降機
9　外装
10　放磁気筒
11　円盤到着台
12　十字型吸着台
13　螺旋型円盤下降器
14　円盤格納庫
14-A　各種研究室
14-B　通信、連絡、測定機室
15　円盤放射室
16　自重力調節機
17・18　前後観測室
19　円盤放射用放磁気盤
20　観測用望遠鏡
21　個室
22・23　個室及共同室等
24　大広間、会議室、連絡室等
25　食、衣、材料倉庫
25-A・B　各種機材保管室
26　生果、野菜、倉庫
27　自重力配分装置及観測器材
28　波動還元装置
29　自動測定機室
30　微光波、保蓄室
31　通信機
32　円盤

小型母船設計図の一部（M.M 1961.2.10）

が、原理は至って簡単であります。一度設計された図面を、この原紙に波動の複写をするのです。この方法は地球上で写真を取る時、一枚の原紙《ネガ》で何枚でも焼き増しができるのと同じようでありますが、地球上では波動の分離、再生する方法を知りません。しかし私たちは当然の常識として日常それを行なっております。一枚の設計図は何十枚分にも別となり、または平面図、復、復々平面図、立体図として必要な個所だけでも見ることのできるのが、この図面の変った所です。これは今お目に掛けますからよくごらんになりますように」

といい終ると、傍にあった設計板のようなかなり厚い板に額縁のようなものが付いております。その板を取り出し机の上に置きました。

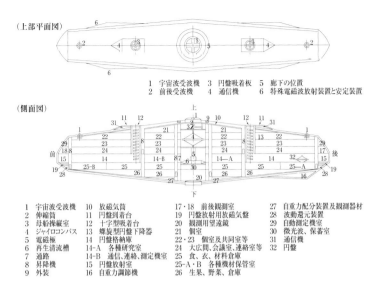

浮かぶように出来ている設計図

板の上は乳白色で硝子のようになめらかです。ビニールのように透明な巻き物の設計図が、その上に置かれながら開かれてゆきます。長方形が一米×一・五米位の大きさであります。その中を濃い空色の線で母船の輪廓が書いてあるだけです。これが設計図かと思われましたが、そのまま見守りますと、板上に薄い硝子板のような透明板を幾枚もその上に置きました。一枚二枚と重ねてゆく内に七枚目を終ると、額縁のようなものが締め付けるかのように固定してしまいました。この基地内部には、電線で自由に電力を利用するように、いろいろな周波数の異なった電波が、どこでも簡単に利用出来るようになっております。コンセントに差し込むようにして、設計板に電磁波が流れこみます。額縁と思われる所に電灯のような光が付きます。幾つかボタンを押してテストをしているようであります。

その時、突然浮かぶように母船の輪廓が実にあざやかに映し出されました。母船の一番外側は特殊の外装で覆われています。その次に電磁波を放射する放磁器筒が配置されてあり、その次は全体を通して若干の空間があります。これは母船を真横から見た設計図であるようです。外廓が終ると内部に移ります。アアこれは全く円盤と同じ理論です。それは青年が説明してくれなくとも、図面を見れば私は直感的に理解されます。ただ最上部の機長のおられる操縦室が、幾重にも取り巻く外廓のために、そのまま母船の中心部になっているという点が異なっているだけです。宇宙波受波機は自由に上下運動が出来るように設計されていることは同じです。また円盤の宇宙波受波機は中央に一ヶ所でありますが、中小型母船は前後にも二ヶ所あり、計三ヶ所の受波装置からエネルギーを補給するように出来ていて、前後の二ヶ所は補導装置を通して中央に送り込まれ、機長を経て増幅用のジャイロコンパスに連なります。それでかなり大きなジャイロコンパスが、絶えず回転し続けているように思われます。三重に張りめぐらしてある外輪廓を除くとちょうど潜水艦のような型をしております。魚雷の発射管に収容円盤の発射装置がよく似ております。中央中心部は、円盤同様に各種の機器類が余す所なく納めてあります。母船は全部で九層に分れております。その内一番大きなスペースを取っているのは、各種の円盤の収容所であり、中心より下の階層で六階であります。五四三の階層は宇宙人たちを収容するいろいろな室があります。それが前部と後部と同様に設計されております。七、八層は倉庫のような役目を果すように出来ていて、各種の機材や食糧その他用具を積み込むようになっております。私は全くこの素晴しい立体設計図に夢中になって、その移りゆく変化を一々理解し続けたのでありました。その時私の理解出来ない図面が現われました。それは地球上で水面を走る船の船底にある、安定板のような装置であります。私ははたと理解に苦しみました。それまでの私は、全く移りながら進行する移動式立体設計図とでも申しますか、このような不思議な方法で、宇宙科学の粋を集めたかとも思われる宇宙母船の精密設計図の中に溶けこんでしまっていました。難解問題に直面して、ふと自分に帰った時、M氏と青年の前にいる自分を見出したのでありました。

宇宙船飛行にも一定の方向がある

青年とM氏はと見れば、包み切れないような表情で微笑を浮かべておられるのであります。

これはいったいどうしたわけだろう？　と思った時、青年が話し出しました。

「円盤でも母船でも上昇下降、斜行平行、前進後退でも自由に出来るようになっておりますが、飛行には必ず一定方向、つまり前進するほうが前であるように、定まった方向に向って運動を起すのです。それで母船の機能の大略がおわかりのことと思われます。およそ地球の人々の考えでは宇宙圏内に突入すれば左右前後上下等全くない、否、あったとしても、それをそのまま対象とする方法がないと考えられるかも知りませんが、それは大いなる誤りです。まず地球での例を取って見てもわかるように、海洋を航行する船が対象にするものがないからといって、走るがままの方向に走ったとするならば、目的地に果して着き得るでありましょうか。磁石、天文儀、海図等の方法で自船の位置と速力を計算して、進路に誤りがない場合にのみ、初めて目的地に到着することが出来るのです。それと同じように、大宇宙を航行する円盤でも母船でも、宇宙の根源を中心としたいろいろな方法で、自船の位置を必ず捕えております。それとまた無重力圏を航行する時、船内の乗組員やその他の人たちが正しい生活が出来るでしょうか。考えただけでも馬鹿げた話です。人間は如何なる場合でも、中心に中心にと向って吸引統御されるように出来ているものです。その人間が吸引される力がなくなった時、人間としての働きが出来なくなるように、無重力圏を航行する円盤や母船に、円盤や母船それ自体独自の重力を、ある時は持ち、またある時はなくする装置がないとするならば、円盤や母船の理論は成立するものではありません。それで今あなたが疑問に思われた箇所は、船内の重力を絶えず一定量に保つことが出来るコントロール装置と、安定と前進方向を決める方向舵のような役目をしている箇所であります」

自船の正しい位置を知る方法

「それでよくわかりました。大宇宙に飛び出した場合の、自船の正しい位置を知る方法として、いろいろあるといわれましたが、どんな方法があるのでしょうか?」

「大宇宙は一なる根源から発せられる七つの波動から出来ていることは、すでにご存知のことと思われますが、その内最も強力な波動が直行しているのです。その波動を捕え前後左右が(つまり中心を対立として)定ります。次に波動が層をなし、帯の如く物すごい運動を繰り返しているのであります。その波動は四囲に在る星に、天体上の位置によっていろいろと分れております。ある波動帯の中に母船が入りますと、早速分離装置で捕えます。そして天体上の現在の位置を知ります。それと特殊な波動を近くの星々に送って、自船と近くの星々の位置を定めます。まだ外にも、自船内で自船の航行している位置が天体航行図に書かれてゆく自記測定法もあります」

「波動帯についてもう少しわかりやすくご説明をお願い致したいのですが」

私の問に対し、青年はちょっと何かを考えておられて、即答してくれません。私はふとM氏はと見ますと、相変らず落着き払って微笑して私を見返しました。その時私は、この問題はかなり大きなむずかしい基本的な面からの説明をしないと、理解出来ないのではないかと思われました。青年の表情が次第に引締まるかのような厳粛さに変ってゆきます。

「現在地球科学でもいっておりますように、物質を分子、元素、電子と物の顕れの根本を追求してゆきますと、一ヶの中心に向って幾つかの軌道を異にした電子が、いろいろと異なった速度で回転しております。それが一単位となっているように、またその電子の数によって、その単位の現われ方つまり性が異なっております。こうしたものが物質を探究した深奥のものとされておりますが、これら捕えているものは極く一部分でありまして、この外にいろいろなものが見出されておりません。これらの陽子、中性子、中間子、中間子になる前のある変化、それは未だ知られておりませんが、地球上の学者たちは光波と等しいものと思っております。しかしこの世界がちょっと考えられない程広く深いものであります。つまり波動の世界であります。私たち宇宙科学の範疇です。それで要点だけを申上げて置きます。ある波動が自分の性に合った媒体に出会うと、そこに変化を起こし、粗い波動の世界に移ります。それを中間子、電子といっております」

「それではその媒体とはどのように考えたらいいのでしょうか?」

「そうですね、媒体とは、宇宙の中心またはその星を司る星から来る直射する波動とでも申上げて置きます。交差に交差を重ねて変化を伴いながら来るものと、発せられた時の響そのままで働くのとがあります。この場合の媒体となるものは、直射された強波動が大部分の媒体となります。私たちが簡単に波動と申上げておりますけれども、これは一つの天地、世界よりもむずかしいものですから、またの機会にゆっくりとお話し申上げることに致します」

宇宙船航行の秘密

「波動帯につき基本的なものと思われる点につき二、三申上げて置きます。大宇宙に散在する星々は、大は島宇宙から小は微小の太陽といわれている一原子に到るまで、皆一なる中心に向って回転運動を休みなく続けていることは、充分におわかりのことと思います。そして地球人の五感に感ずる以外の、未だ知られていない大きな複雑な波動が数多くあるのです。一つの中心核のまわりを、電子が一定の軌道を規則正しく回転するように、その外側を幾重にも渦状になって或る運動が繰り広げられていることは知られておりません。これはこの円輪波の持つエネルギーに相応した一核を中心、一単位として、無限の波動運動を持続しながら、一大中心に統御されているのは電子も星も同じです。この円輪波はちょうど浜辺に押し寄せる波の如く、陰陽高低となり渦状となって、大宇宙の中に流れ込んでいるのであります。この状態を波動帯と申上げたのですが、帯と表現したその意味をよく理解していただきたいのです。

円盤も母船もこの波動帯の中に入りますと、その波動帯の持つエネルギーと同じものとなります。(波動を調節して合体するのです)この理論をわかりやすく説明申上げますと、海上でなんの低抗もなく波の上にフワリと置かれたとするならば、その波と同じ速さで走ることが出来ましょう。これと全くよく似たことがいえるのです。

大宇宙には、こうした波動帯が無限数に近い程交差に交差を重ねながら、各自のエネルギーに相応して運動を繰り返しているものです。波動帯についてはなかなか理解し難いものですから、これも次の機会に図解の上でご説明申上げることにします」

私は青年の説明を聞いている内に、謎とされている宇宙科学の秘密の扉が、次第に開かれてゆくかのような感じが湧き上りました。そしてなんだか遠くに私は行き去ったかと思われました。それも一瞬で、再び尋ねたいとの想念が湧き上ります。

円盤を収容し発射する状態

「飛行中の母船の電磁波の放射状態はどのようにしておられるでしょうか?」

「円盤同様に、宇宙波受波装置と円盤吸着盤と後部重力安定調節や、出入口を除いた外は、全部宇宙波が電磁波となって放磁器筒を通じて放射されております。その状態はというと、母船の断面が真円でなく楕円型であると同じように、上下よりも左右にかなり大きく放射します。左右が五とするならば上下が三ぐらいの大きさで働きます。そして電磁波を測定するには交差の最大公約数を点や線とし、それに基き第一第二第三波としてその働きと電磁波の量を見て定めてゆきます」

「円盤収容の状態と放射の方法を簡単にお教え願えないものでしょうか?」

「母船が自船の円盤やまた他の母船の円盤を収容する場合は、円盤が帰着する時一定の場所で滞空します。円盤は帰着する母船より発する信号を絶えずキャッチしておりますのでお互いに緊密なる連絡を保ちながら接近します。そして滞空中の母船の上部にある到着板上に、吸引されるように着船するのですが、それと同時に吸着板が自動的に回転運動を起しながら、船内に降ろされてゆきます。それはゆるやかに行なわれます。到着板場より姿が消えた時、自動的に扉が閉り以前の通りとなりますが、降ろされた円盤は螺旋状に回転しながら、幾枚もの重気体の断幕を通り抜け、波動の調整を行ないつつ六階の格納庫へと運ばれます。母船に収容中の円盤は自力では動きません。こうしたことは人工基地で収容するところの母船も同様です。

円盤を出発発射する時は、前後にあります放射室に運ばれます。そこで再点検をして、放射室から出される電磁波と自力の電磁波とで、船外に射出されるように離船します。次次と何機もの円盤を発射する時は実に素早くこうした方法が行なわれております」

「この母船は何人ぐらい収容出来るのでしょうか?」

「この母船は小型ですので、定員が千五百人ぐらいですが、必要な時には五千人ぐらいも平気で収容航行出来ます」

「千五百人と五千人、何故このような差がつくのでありましょう? ベッドや食堂の設備はいったいどうなっているのでしょう?」

「さようにお考えになるのも、ご尤もなことです。ベッドは五千人以上に使えるだけ設備がありますす。組立てればいつでも出来ます。食堂も全くその通りです。四、五階を通じて各四ヶ所あります。五階は大広間、会議室、連絡室、または特別な人のみで研究、協議する室等たくさんあります。四階は学習研究、音楽に関する室が多いようです。三階や二階は個室四、五人の室等に分れております」

この時私は頭の中がボーとして、これ以上つめても駄目じゃないかと思われてならなかったのです。

私のこのような想念の動きを見逃すM氏や青年ではありませんでした。

「母船の設計図による理論はこれぐらいにして、果物でも召上って下さい」といったかと思うと青年は、いつの間にかかたわらのボタンを押しているようでありました。

必要な時に必要な智恵が与えられる

私はちょっと眼を閉じて統一してみたいと思ったので、ふと統一して見ますと、瞬間眼前が白光に輝き、次第に大円光になり、その円光の中に母船の雄姿が浮かぶように展開されてゆきます。そして今教えられた母船内部の機器や設備の数々がまるで映画を見ているように、次から次へと移り変ってゆきます。その時このような複雑な機器や組織について、果して正しく把えて誤りなく地球の人たちに伝えることが出来るであろうか。第一、根本的に異なった基盤の上に立って、進歩している基地の科学を、どのような方法でどうして伝えたらよいやら全くちょっと考えただけで、なんだか途方に暮れてしまうのでないか、というような想念がチラリと走りました。

その次にいったいこれを、否この世界の姿をどう解釈することが正しいのであろうかという疑念が湧いて来て、知らず知らずのうちにこのような想念の中に落ち込むのでありました。

それは一瞬の出来事で、またもとの透明な姿の自分にかえった時、誰ともなく後のほうから声が聞えて来ました。

「あなたの取越苦労は地球上での習慣です。自分の智恵で計ろうとしても、それは出来るものではありません。神様にすべてをお委せしたときから、泉の水が湧き出るように、汲めども汲めども尽きることなく、その時その場に応じて、必要な智恵が言葉が湧き、また必要な行為となって、そして数学や理論が真理のままでなく、その世界の波動にまで下げられて、理解されやすい状態で教えられます。そのひびきをそのままに、知らず知らずの内に地球の人たちに伝えることが出来るのです」

ああそうです。自分の知識でこれらのことを計ろうとしたことが、大きな誤りでありました。神様ごめんなさい、と心よりお赦しを乞いました。

ポプナとセリ〈星の果物〉

その時、誰かがこの室に入って来た気配がしましたので、眼を開き統一を解きますと、いつの間にか先程の若い婦人の宇宙人が、お盆のような果物鉢にいろいろな果物を運んで来ました。青年とM氏にちょっと会釈してテーブルの上に置き、私に軽く頭を下げて引き下りました。白い透明のような清楚な服装でした。とても美しい人でありました。黒い澄み切った瞳の中に、表現出来得ない深い高い愛念と叡智が包まれているのを感じました。

「どうぞ召上って下さい」と青年がすすめてくれます。その時M氏が話し出しました。

「地球でのりんごによく似たこの果物は、金星のもので、『ポプナ』と呼んでおります。りんごによく似た木ですが、葉の形や大きさや木丈がやや大きいようであります。さきに人工基地を自走機で降りる途中に、指令塔に着くまでの平地に植えてあった果樹にお気付きになりませんでしたか？あれが基地での『ポプナ』です。金星のように大きく伸びませんが、それでもかなり大きく（地球上のリンゴの木より大きい）立派な実が収獲出来ます。りんごのように酸味はありませんが、四つに割って核の処を除いて皮ともにいただきます」

と丁寧に教えてくれましたので、早速私もM氏や青年にならって四つに割っていただきましたが、一つ二つ食べている内に、おいしいのでいつの間にか四つとも食べてしまいました。バナナのようた香りがしてデリシャスのような味でありました。大きさもデリシャスよりもやや大きくりんごよりも黄味を帯びていました。一個いただきましたので急にお腹が大きくなり、食欲が満たされてゆくのでありました。次にM氏は、大きなすもものような感じのする、赤紫の色をしたみかんぐらいの大きさの果物を手に取って眺めながら、

「この果物は基地では『セリ』と呼んでおります。喬木でかなり大きく伸びます。四季の内初夏から熟し出しますが、秋の初まり頃まで続きます」

「果樹にも病虫害が全くないときにお教えて下さいましたが、収獲する時の実際の様子をお教え願いたいのですが。それと実が結び過ぎて選別して立派なもののみを残すような方法や、剪定整枝、更新、適芽保存の方法等はどのようにしておられるのでありましょう?」

ちょっと顔を見合してM氏や青年は私の言葉の意味が理解しにくかったかのような感じを受けましたが、M氏は話してくれました。

「果樹の実が結び過ぎるので、人がこれを選別するということは私たちには考えられません。私たちは皆大神様の生命のままに生かされているのです。私たちと同じように性《さが》や姿は変われども、神様の生命のままに生かされている草や木に、また果樹やその外の植物にでも、人々はこれらに愛念を注ぐことこそあれ、結ぶ実を選別することは出来ません。それは皆これら草木をお護り下さる神様のお仕事であって、私たちの仕事以外のことと心得ております。ですから多く実が結び過ぎたり、無駄な枝が伸び過ぎたりすようなことはございませんし、また考えたこととてありません。結実したものは必ず大きく育ちます。それでいて精密に観察するならば、一つとして同じものはございません。大き過ぎるものや小さな出来の悪いものもありません。この一事を考えただけでも、神様のみ心の深くかつ広いことが理解出来ると思われます」

私はなんだか恥ずかしくなってしまいました。宇宙人と地球人の観念の違いとでもいいますか、あまりにも大きなへだたりがあるのに今更の如く当惑するのでありました。それでこれ以上この話題にふれたくなかったので、別の質問をしました。

「只今季節のお話が出ましたが、金星にも地球のようた四季がございますのでしょうか?」

M氏と青年の二人が思わず期せずして笑いました。その笑いの中に私もまき込まれて、一緒になって笑ってしまいました。

M氏が笑いを止めようと努めながら、

「それは、それはね春夏秋冬の四季はありますが、地球のような四季とは全く違います。極寒や極暑というものがありません。常春のようでありながらその中に四季が巡り来ます」

「この『セリ』を召し上れ」とすすめられましたが、私は満腹でしたので遠慮致しました。この外に二種類の果物がありましたが、なんと呼ぶか教えてくれませんでした。

母船が基地に到着する状態

この時ふと、母船が基地に到着する時の状態が知りたくなりましたので、青年に尋ねて見ようと思ったと同時に、青年はその質問をよみとったように答えてくれました。

「母船が基地に接近する以前に、船内の通信機で絶えず連絡を取ります。そうした連絡は基地の指令塔で行われます。接近するにつれ母船の航行するコースや滞空や着陸する位置を教えます。ちょっと地球上での航空管制塔によく似ております」

「航行や接近着陸する時の速度はどう違いますか?」

「母船や円盤の航行上の基本的な理論は、大宇宙の根源よりまた各種の親太陽や無限数に散在する星々から、絶えず発せられるいろいろな振幅を持つ波動数（それは無限数）その円盤や母船の性能に応じた振幅を持つ波動を捕えて、機長の霊体を通し更に分離をなし、その分離された内の必要な波動だけを増幅し、またいろいな機器を通じて粗い波動へと転換し、円盤や母船の四囲より放射して一個の星とよく似た状態をかもし出し、放射する電磁波に包まれた一個の場を持っていることが第一の条件です。次にこの場の持つ電磁波の振幅を変えることの出来るのが第二の条件です。

大宇宙には無限数に近い振幅の異なった波動が、その振幅に相応した運動（拡大運動）を繰り返しているこの波動帯の中に、円盤や母船を入れるのですが、入れると中上げますと理解し難いように思われますが、それは円盤や母船の持つ電磁波をその波動帯の持つ振幅と同じ早さに転換すると、その波動帯の持つ本質的な運動、つまりその波動帯の持つ速度と同じ早さとなって航行するものであります。これは地球上で気球を揚げて、気流に乗せて遠くへ飛ばしたのと同じ理論です。それで母船や円盤の速度とは、その時に乗った波動帯の本質的な運動のことを指すのであります」

「前進後退、垂直昇降や左右平行、滞空等のいろいろな航行方法が、実際行われておりますが、これらはどう考えまた理解したらよろしいのかお教え願いたいのであります」

こんどはM氏が答えてくれました。

「地球上で気球を気流に乗せて飛ばすように、円盤や母船が波動帯に乗って飛ぶことはおわかりになったことと思いますが、気球と円盤との違いは、気球は固定した一個の場であるのに反し、円盤は地球の人たちに考えも及ばない程多くの場を持つことが出来るのです。つまり場の転換が自由に出来るのです。大宇宙の空間のように見える一点にも、三百六十度の角度から波長の異なった波動帯が、絶えず絶えず自波の持つ運動方行に向って流れてゆきます。こうしたいろいろな波動帯のうち、現在の円盤や母船に必要な波動帯をたくみに選び出して利用するのであります。ですから、滞、遅、速、超速、超超速の自由自在な航行や速度を持つことが出来るのです」

「よくわかりました。円盤や母船の根本的な働きは、波動の分離と選別、転換、変質することが生命ともいえましょうか?」

「そうです。全くその通りであります。自力で航行するのではありません。波動帯から波動帯へと如何に切換え、転換するかにあるのです。これを形の上から見ますと速度を如何に制御、調節するかということです。それで一瞬にして、地球の人々の想像だに及び得ない遠方まで飛行するのであります。繰り返しますが、飛行するということよりも、波動を粗くして速度を落し遅速や滞空停止することのほうが、大変むずかしいものであります。地球の人々の考えと全く反対です」

母船の着陸から収容まで

「母船が着陸しようとして接近した時から、人工基地に収容するまでの状態を順次ご説明をお願い致します」

「基地の指令塔と絶えず連絡を保ちながら、着陸点に接近しますことは先に申上げた通りでありますが、基地格納庫への入口が指令されますと、滞空中から垂直に降下して、入口の方向に前後を揃えて前部より徐々に収容口に向ってゆきます。それまでに指令塔上では母船との緊密な連絡が取られております。接近すると自動的に第一扉が開かれます。それと共に波動調節用の第一の重気体、第二第二と各重気体の断幕が活動します。母船は自力で収容口に入りますが、第一の断幕より第三の断幕を通過すると、完全に電磁波の機能を断幕に入った部分から停止します。その時母船用の自走機が待っております。大型の自走機に機首を委ね、次第に格納庫に入りますが、入り終ると全部分に渉り電磁波の活動を停止し、格納する位置に移されます」

「大宇宙を航行されて、乗組員や乗客またはいろいろな物資の積み降し、必要資材の補給はどのような方法で行われるのですか？」

「このことについては円盤にはいろいろな到着場のあることや、内部の組織や機能についてご覧になりましたのでおわかりのことでありましょうが、母船については何もお話していませんから、概略を申上げて後程お目にかけることに致したいと思います。母船についても円盤と同じように母船のみの到着場があります。到着場の機構は地球上のドックによく似た形をしております。円盤は十字の吸着板に吸引されて安定を保ちますが、母船は前後に二個の十字板と二個の十字を結ぶ連結板との三つが一個の吸着板となって働きます。母船の各階層の高低の違いはありますが、およそ決っておりますので、階層の高さと同じように設計された、かなり大がかりな長方形のビルに似た建物があります。その中にいろいろな施設がありますが、今申上げたのは固定した側でありまして、これと反対側は、組立てられた足場のような形を取っておりますのと、この足場はある程度動きます。それは母船の大小によっておのずから異なりますので、大小の母船が自由に到着出来るように一方の側が移動出来、また吸着板もある程度動くように出来ております。

長期の宇宙旅行を終えて帰着する時など、全く多くの出迎え人でこの大きな到着場は埋まります。母船が吸着板に吸引されるように密着安定しますと、電磁波の放射が停止されます。それと同時に待ち構えたかの如くに、到着場の各階層から母船の出口に向って、通路用の橋がスルスルと伸びて母船と結び付きます。その時待ち構えた宇宙人たちが降り始めます。家族や友人に迎えられながら、我が家へと帰ってゆくのでありますが、とてもにぎやかでお祭のようであります。そして波動の調整は船内で大方行われます。この到着場は一度ごらんになられたならばすぐに理解出来ると思います」

私がこの室に入って、何も気付かなかったのでありますが、向い側の壁の所に幾つもの信号灯があり、形は小さいが各種のいろいろな信号灯が点滅しております。何を知らしているやらわかりませんが、ふと青年がそれを見たと思ったその時、

「大分時間がたったようでありますので、気分がよろしければ母船の格納状態を見ていただき、指令塔へと引揚げたいと思いますが、如何でしょうか?」

「いろいろのご配慮誠に有難うございます。気分はすっかり取戻しましたので、母船の格納状態を是非拝見させていただきたいと存じます」

「お茶をいただいてからにしましょう」

青年の言葉が終ると同時でありました、さきの女性宇宙人がお盆のような器《うつわ》に、透明なコップを三個のせて室に入って来ました。ニコニコとしながらコップをテーブルの上に置いて、軽く頭を下げて出てゆかれました。飲物はやや黄味を帯びており、お茶よりも少しねばりがあるような気が致しました。果実を精製して作られたかのような感じでありました。とてもおいしいのでそのまま一気に呑んでしまいました。ちょっと無作法ではないかと思い返しましたが、M氏も青年も一息に呑んでしまわれたので安心しました。

「有難うございました」と私がお礼を申上げますと、

「サァ行きましょう」と青年が先に立って、この人工基地の中の休憩室を出ました。出た処はかなり広い廊下のようであります。

大格納庫を見学

天井も高くて乳白色に塗られております。塗られていると思いましたが、大理石のような感じを受けますので、これらの材料の地肌ではないかとも思われます。どの室に行けども光源が見当らないのが不思議でなりません。それでいて陰影が出来ないのが全く不思議であります。そのような想念を走らせながら、三、四分も歩いたかと思いました時、ある扉の前に出ました。ちょっと見上げますと、光で記号が示されております。丸い輪かくに十字があります。その中に葉巻煙草のような形をした薄茶色の母船があります。母船の両脇にモールスのような記号があります。この扉の上の記号を見て、母船格納庫への入口であることが直感されるのであります。青年がボタンを押すと大きな扉が左右に開かれました。足もとを見ますと自走路が内部へとつながっております。ある程度の資材を基地でも積まれるのであることを感じます。

アーこれは素晴しい。なんと形容してよいやらわかりません。地球上にこのような広大な構築物があるでありましょうか。随分高い天井は蒲鉾形をなしているのでなく、直線であるように見られます。白色に塗られた一大天地とでもいいたいような大空洞であります。その中に母船が雄大な姿を静かに横たえております。宇宙人が三々五々見受けられます。母船と対照して豆粒のように見えます。筆や言葉で表現しようもありません。

真昼よりも明るい大空洞は、いったいどうしてこのように明るいのでありましょうか。私の疑問が大きく頭を持ち上げます。こうした私の想念の動きを知ってか知らずか、青年は話し出しました。

「この格納庫の照明はいったいどうしてなされているかと思われましょう。地球上の考えから申しますと、光源がなく明るいというわけがないからです。でもこれは光源がないのでなく光源がわからない、つまり見えないのです。宇宙科学ではこうした光波を測定するいろいろな機械がありま す。こうした器機にかけますと光源は明らかになりますが、理論は至って簡単です。大空洞の天井に平行して放射している特殊の波動が働きますと、今この室の中に流れている四六の一八二四の波動があります。この波動と特殊波動が激突する時、否変調親和を起す時に、特殊波動の量に応じて光輝を発します。その時の光源は測定器にこそ捕えられますが、私たちの眼には捕えられません」

地球よりも月の基地の時間空間は速い

「私たち地球では、太陽から地球まで達する光の速さを七分二十秒としております。それでこの太陽の光の速さを光速の基準としておりますが、今私がいる月の基地での太陽の光速とは速さが同じものでありましょうか。私は同じでないような感じが致しますが、その理由はわかりません。それと、この大空洞を照明する光波の周波数はどのように違いますか？　お教え下さい」

「さきに時空を異《こと》にする星々のことを中上げましたね。それは星々の天体上の位置に従って、その星の個有の波動とその星に住む人類の波動が和して、その星独特の波動を創り出している姿をね。その波動が大宇宙の中心より発せられる親神様の波動と、どれだけ違うかによって、その星の天体上の位置が定まることを中上げました。進歩し開発されてゆけばゆく程、時間と空間が短縮されてゆきます。ですから一つとして、同じ時間、同じ空間つまり、速さを持つ星々はないのです。あなたが感じられる通り、地球よりも月の基地の時間も空間も速いのです。その根本的な理由を宇宙科学の立場から申上げて見ましょう。

大宇宙に散在する星々には、天体上の法則に従って各星々の天位があります。その天位は一個の星の中心核を中心に、幾層かの厚い波動の幕があります。大きく四層に分けております。この各層の中の働きはある程度決っております。それと別に、その星に住む人類の想念の波動が、重複して星を包んでおります。こうした粗い重い働きより出来ない波動帯の中を通過するどの波動も、大きな影響を受けないわけがない。幾層をもの重い幕を通して働く波動が、光波が、その本質的な働きをゆがめられることはおわかりになると思います。

地球でも、光線が他の物体を通過する時屈折するのを知っておられるでしょう。光波がゆがめられることと光線の屈折することは、宇宙物理の法則では根本的な異なる角度から出発しておりますが、結果において、共通点があるように、地球人類は地球の上に立って、いろいろな厚い幕を通して見ておられるのです。色眼鏡を掛けて見た世界は、その眼鏡の色と同じ色の世界がさも実在するかのように見られますが、眼鏡を外して見た時に真実の世界が見られる如く、地球世界では、長い幾億年をもかけて、地球の眼鏡をくもらして来たのでありました。この累積されたくもりを通して見る光速は、地球上での光速であって、月の基地での光速とは全く違います。それと併行して時間も違います。

なぜ違うのかという基本的な点をごく簡単に申上げましょう。地球では秒、分、時、日のような表現で一単位を定めておりますが、その単位毎に内容が伴ないます。一分の六十分の一が一秒ですが、この一秒は地球世界の遅い周波数を持った波動の顕れの世界では、人々が普通の状態で数をかぞえたと致しまして、一秒の内におよそ一つまたは一つ半ぐらいしか数え切れません。それを一秒の持つ地球上の常識的な内容と仮に致しましょう。こうした周波数の波動の上に立つ地球上の一秒の内に進歩した星の周波数は非常に速くて、三十も六十も数えることが出来るとするならば、地球での一ヶ月は月や金星の一日や二日に等しいのです。地球上での一ヵ月の内容が金星の一日と等しいと今仮に致しましたなら、時間とは一秒一秒と時をきざむ、点から点の空間を指すのでなくて、点から点への内容、内容を表現する周波数の量の等しさを一単位と見られるのです。

金星の一秒と地球の一秒は、機械的に見て同じであると思われるかも知れませんが、それは誤りです。時間とは内容を表現する質と量のことです、質量の相等しきところから基準単位が生まれます。時間と空間はもともと一なる所から発しています。一なるところ、それはその星の波動、無数の波動の周波数の持つ最大公約数が一なるところとなります。縦横十字に交差した所が空《くう》、空《くう》なる処がその星の科学の出発点となります。空《くう》なる十字交差の一点を基準として、内に現われたのがその星の時間です。外に現われたのがその星の空間です。大宇宙の中心は時空一つに溶け合って輝きます。それまでの段階として、星々の時空は皆一つとして同じものはありません。

進歩の後れた星の時空を以て、進歩した星の科学を律することは出来ません。進んだ星の科学が後れた星に移行する時は、その星の天体位が先で、その後に起る後れたる星の周波数が等しくなった時か、部分的にせよ等しくなった場から、徐々に移行されてゆくものです」

想像を超絶する雄大な母船格納庫

広大と申すより表現のしようがないまでに規模の雄大な母船の格納庫は、両側が一直線かと見えましたが、よく見ますると、大きな円を書くようにゆるやかに丸味を帯びて連なっております。あの厖大な母船が、ここでは四台の特殊な型の自走機の上に、実によく安定が保たれております。

地上の到着場ですと、安定板に吸着されておりますが、ここで見る母船は、全く眠れるように静かに憩いをとっているように見受けます。あの雄大な母船が、ここではさ程大きいと感じません。格納庫の大きさが私にそのような感じを与えるのであります。でもその中で働く宇宙人と対照して見ると、大きさが今更の如く感じられます。

一基、二基と数えている内に、十四基まで数えましたが、あとは目が届きませんでした。このような大きな母船が、波動帯の拡大運動を利用して、瞬時に光速に近い早さや、それ以上の早さで飛行するとは考えられませんでした。観念ではそうなんだと決めてかかっても、実際の本物を目のあたりに見せつけられても、何か自分の頭が狂ってでもいるのでないか、また夢ではないのかと、自分から自分を疑って見たくなるのであります。それは、私の長い地球上での生活から来る想念の厚い累積が、私を事毎に旧い殻の中に引込もうとするのではないかとも考えて見たくなります。

実際に、自分の頭の百八十度の転換とは口ではやすやすといい切れますが、さてその場に対しますならば、簡単に出来るものでないことを、自分を見つめて痛切に感じたようなわけであります。

私たち三人が広大な格納庫の一隅を歩きながら、私の想念がこのようなことを捕えていた時に、私は何気なくM氏と青年とをちょっとかえり見ますと、二人がいい合わしたかの如く微笑しておられるのに気づきました。ああしまった、と心で叫びましたが、それは後の祭りです。私の想念の一分一秒間の動きもあます所なく捕えて、知り尽しておられるのでありました。

何気なくふと足もとを見ますと、固いコンクリートのようでなく、舗装された道路のようにアスファルトのような感じを受けます。アスファルトのような黒色でなくグレーであります。広い格納庫の中を歩く内に、足もとに幾条ものいろいろな異なった色の線が画かれているのに気づきました。それぞれの線はいづれも直線でなく、ゆるやかなカーブを画きながら平行したりまたは交差をしたりしながら走っております。その末は私の視界の届かない先まで走っております。それで私は、この広大な格納庫一面に走り廻されているのではないかと考えました。

「この線はなんのためにあるのでしょうか?」

「ああこのいろいろな異なった色で画かれている地上の線のことですね。これは母船が特殊自走機に乗せられて、一定の場所に落ちつくまで、この格納庫の中を四台の自走機が順序正しく働くことによって初めて目的の場所に届くのです。また格納庫より引き出す時にもまた同じであります。こうして、その線上に働く電磁波が自走機の動く方向を決めるのです。ですから一人の宇宙人で自由に動かすことが出来るのです」

格納庫の照明

私はこの大きな格納庫の中を歩きながら、太陽の明るさと全く同じように感ずる人工光線は、太陽光線と全く同じだろうか、また違うとするならば、どの点が太陽光線との相違なのかとの想念が、チラリとかすめました。それを知ってか青年が光波について話し出しました。

「円盤や基地をご覧になって最初に感じられるのは、光源の見当らない照明のことと思われます。

それについては、さきにお話しましたことでおわかりのことと思いますが、こうした人工光線と太陽光線とどう違うだろう、という疑問が生まれるだろうと思います。私が今光線と申上げましたけれど、光線も波動の現れの一部であります。それで私たちの目に見える五感に感ずるものと、また波動が早くて感ずることが出来ないものとがあり、その種類はちょっと表現出来得ない程たくさんございます。それでそれぞれに異なった性《さが》と特徴を持っております。それを説明申上げます前に、私たち自身について申上げ、光線、波動についての基本的な考え方の説明を致します。

大宇宙に散在する星々のうちで、進歩した星々には必ず一人の統率者（絶対者）がおられます。その次に二人、四人、八人、十六人の偶数基本と、三人、七人、九人の奇数基本と、偶奇複合の基本と偶奇複合多数制といろいろありますが、それはその星の進化の程度と現在の天体上の位置とによって、それぞれ異なった体制を取っておりますが、いづれにしても一人の絶対者のもとに完全に統御されていて、その星の最高統治者から一介の庶民に到るまで、幾つもの段階を経て、統治者の意志、愛念が届くようになっており、またその間の組織を通して行われますが、上から下まで一貫して完全に一体となっていて、少しのゆるぎもございません。星一つが高き人格者となって活動しているのと同じであります。統治者から一般庶民に到るまで、人間として同じ尊さを皆が知っております。そしてその現われ方は各人各様に異なっておりまして、いづれも同じ人はおられません。このと同様にそれぞれに異なった役目を持っております。それでいて一つの無駄もありません。このような姿で、備えられた場で働いているのが私たちであります。このように最高統治者から一般庶民に至るまで、一糸乱れることなく全く一つに溶け合って渾然一体となり、大生命の中で光り輝いている姿が、進歩した星々の中の宇宙人の社会のあり方であります。

このように、多勢の人々が一なる中心に全く統御されて光り輝いている姿を光線で表現するならば、太陽光線と同じような内容を持つものでありましょう。無限数に近い複合体といえます。このように素晴しい太陽光線と明るさが同じだから、太陽光線と同じに、その内容が百分の一や千分の一のものでも、肉眼では等しく見えることもあります。星の社会の組織の中にある単なる一単位の姿でも、よく似た明るさと見えることもあるものです」

「太陽光線は私たちが考えているような単なる明るさ、それに伴う温さというような単純なものでなく、実に素晴しい多くの複合体であるのですね」

「それでこそ万物が育成され、進化向上へと、大神様の御心のままに大きな生命の流れ、大自然の運行の中で向上への一途をたどってゆけるのです」

扉の上の記号

私たちはいつの間にか階上への通路となっている階段の所に出ました。階段はエスカレータのように絶えず回転しているのでなく、形はエスカレータとよく似ておりますが、最初の階段に両足を揃えるとたんに動き出します。それは自走機の運動理論と同じです。吸引と反撥とを繰り返しながら、流れるように、最も自然な状態で、私たちは次の階に昇ることが出来ました。通路は上下各六本が並んでおります。それは通路に出ました。その廊下をちょっと歩くうちに室の入口がありました。例の如く扉の上を見ますと、モールス信号のような点と線があり、かなりたくさんの文字になるのではないかと思われました。私が室に入る前に、M氏と青年は記号を見ていました。入る前に開閉用のボタンがあります。その内の一個を押すと、扉の上の記号のモールスがいろいろな色の変化を示しながら、右から左へと流れるように忙しそうに点滅します。

「この記号で、この室の内容を一見して知ることが出来るようになっております。この室は材料室ですが、そのうち主なものは電磁波関係のいろいろな計器、観測、通信、波動測定等の各種類の機器が保管されております。この大格納庫の上は三階になっておりまして、円盤到着場の真下には波動の分離、増幅、等のいろいろな機器類が、立体的に一貫した組織のもとに、密接なる連繋を保っております。その他に、通信や観測、波動、電磁波の利用関係等いろいろな室に分れております。こうした方面の計器や機器類の破損、または消耗等の用意として、保管されている各種の機器類がある室です。この記号は現在保管中の機器類の系統を別々に表示しているのであります。それで室内に入らなくとも、保管されている内容を知ることが出来ます」

管理人という機械

「保管中の機器類の状態を拝見出来ないものでしょうか?」

「いつでも見られます。今からこの室に入って見ましょう」

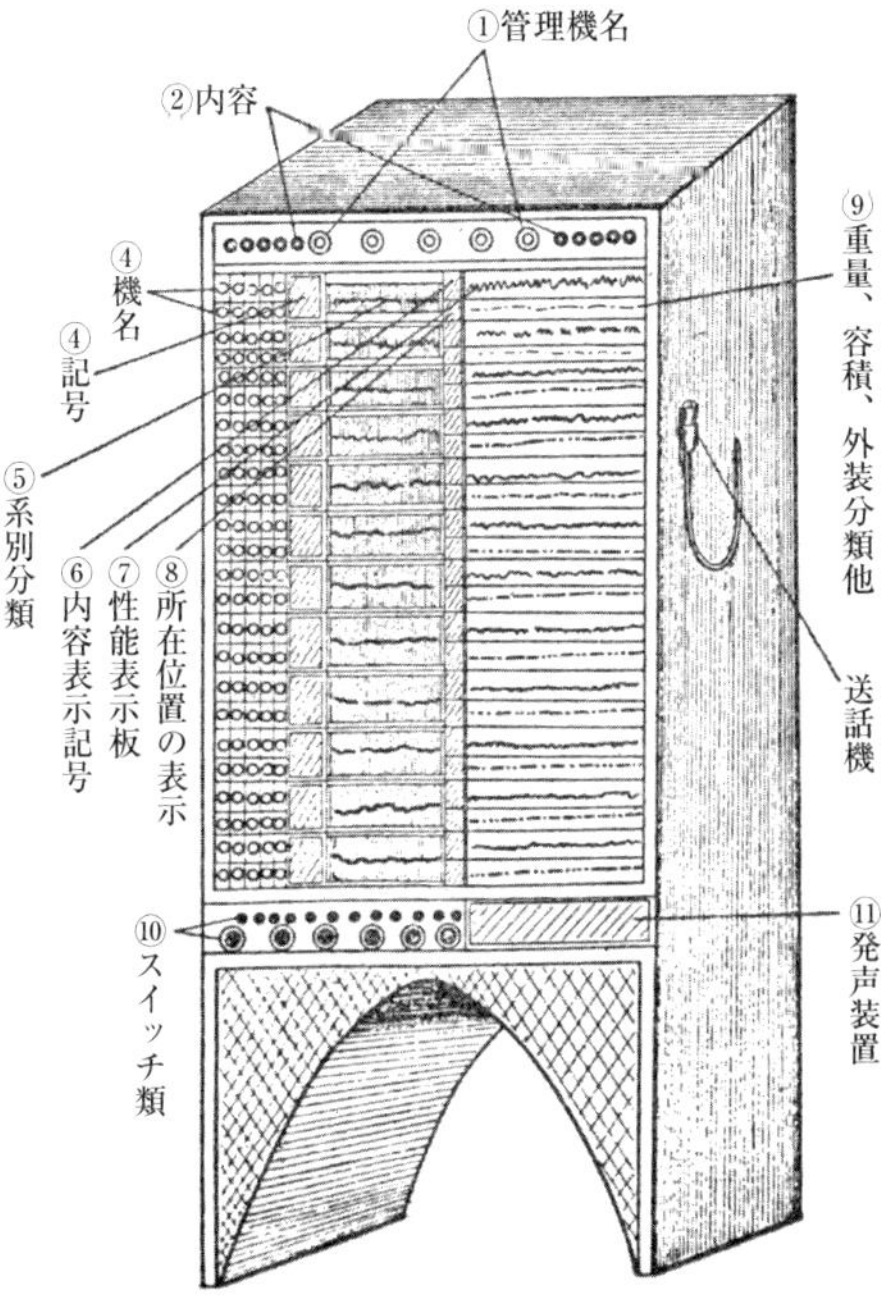

1	白
2	黄
3	橙
4	朱
5	赤
6	エンジ
7	紫
8	青
9	緑
0	茶
基本数	基本原色

1、2、3……信号灯の色の変化による表示
5、7……波型解読
9……モールス（点と線による色の流れ）
4、7、8……記号による表示

管理人

といいながら、青年がかたわらのボタンを押すと、音もなく左右に扉が開きました。この室に誰も宇宙人はおられないような気がしました。この室の入口の処は幅一米長さ二米ぐらいの配電板のようなものが、両側に幾個も立ちならんでおります。信号灯や豆電球のようなもの、記号、その他を表示するいろいろな装置が板一面に詰っております。

「これはなんの役目をする機械でしょうか?」

「器材室の在庫状態や、機器個々の倉庫内の置かれた場所や、その性能、その他必要な知識を、ボタンを押せば自動的に知らしてくれ

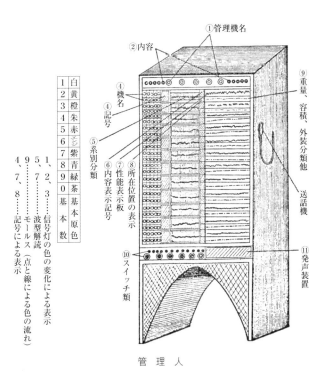

る案内人です。実験してお目に掛けましょう」

青年がいい終らぬうちに、スイッチを入れボタンに手がふれたと思った瞬間〝管理人〟の一番上段の信号灯に灯がつき、次の段にも灯が入り、それがいろいろな色の信号に変ってゆきます。それと同時にどこからともなく人の声が聞えてまいります。次のボタンを押すとまた下位の列が活動し始めます。この信号灯の色の移り変りゆく姿をよく見ておりますと、話している声と一致しているかのようであります。

「会話しているものは、原波を電磁波にまで下げる前の段階のうちに、重気体の中で、幾段にも分けて整流調整する時に使用する計器の在庫を知らしております。重気体の複合単位によって異なりますが、今在りますのは百万から三百万単位のものの性能別に在庫数量を知らしております。これはこの基地で使用するものだけです。実験用やその他に使用する機器類はこの人工基地の地下の倉庫にあります。この室には誰もおりませんが、この機械が忠実な管理人の仕事をしてくれます。それでこの機械のことを〝管理人〟と呼んでおります」

「この管理人に言葉で尋ねることが出来ましょうか?」

「このボックスの横の所にマイクのようなものが掛けてありましょう。これをはずして用件を吹き込むと、声と文字（色の変化）によって知らしてくれます」

「この倉庫の出し入れはどのような処理をするのですか?」

「この管理人の許しがなくては一品たりとも出し入れは致しません。それでこのマイクを通じ出入の数量やその他について一切が記録されております。と同時に計算されて在庫高となっております」

「私はこの管理人に出会うのが初めてでありますが、この外にどのような所で使っておられるのでありましょうか?」

「私たちの社会でこれ程多く利用されているものはない位でしょう。それとまたいろいろな型や性能の異なったものがあります。倉庫の在庫高とその内容や性能を表示するのは計数的な面ですが、物凄い波動の分類や、複合体の在り方や光波として働く波動の正しき捕え方等、また人々が持つ各自の波動を捕えて表示することから、星々の距離の測定などあらゆる方面に使われております。

またこの社会の衣食住に関する必要物資の配分にもこのような管理人が使用されております。でもここで誤りやすいのは、こうした正確で便利な機械を利用することで、知らず知らずのうちに人が機械に使われているような結果になりはしないか、との危惧の念に駆られることもあろうと思われますが、この基地の社会では、大神様の愛念が大きな根幹となって造られておりますので、機械に人が使われるような冷酷なことはあり得ません。愛念の正しき在り方の方便として、こうした機械を利用していることを間違いなく理解していただきたいのです」

「よくわかりました。私も実はそのことについてお尋ねしようと思っておったのでしたが、只今のご説明でよくわかりました。素晴しき基地の社会制度の中に、人が機械に使われる結果に陥るなんて、そのようなことがあろうはずがございませんが、私は地球上での習慣につい把われてしまいます」

「格納されている機器資材の状態を簡単にお目にかけます」

といいながら、青年は先頭に立って歩き出しました。入口の両側に、幾台もの管理人が忠実に立っている中を過ぎますと、両側に二米ぐらいの高さに一米ぐらいの奥行きの鋼鉄製の戸棚のようなものが一杯に並んでおります。戸棚の前までゆきますと、私たちに挨拶でもするように、豆電灯のような表示灯が幾つも点滅を繰り返します。かなり歩くうちに、ある戸棚の前まで来ますと、青年は立ち止り私をかえり見て、

「ここからです。電磁波の測定をする計器がある戸棚です。中を開けてお目にかけます」といいながらボタンを押すと、扉は手前に開きました。中は四段に仕切られてあります。各段に一台から二、三台の機器が置かれてあります。置時計位の大きさの計器が置いてあります。その上を透明な硝子のような半円形の物で覆ってあります。そして五ミリぐらいの厚さのゴムのように思われる敷物の上に置かれてあります。

「この保管の状態は貴重品を保管しておられるようですね」

「この計器類は敏感な感光板が主体となっておりますので、外部からの粗い波動の影響を出来るだけさけるように、基地の倉庫の位置といい、細心の注意が払われております。また倉庫を取巻き特別な防波装置が施されております。戸棚にもまた計器一個一個も、その計器に応じた蓋がしてあります」

「これらの計器の生命ともいえる感応板について、もう少しくわしい説明をお願いしたいのですが?」

「これは地球上での珪素や、硫黄によく似た物を原料として、いろいろな加工を経て造られる大変に薄い板です。この板が一個の軸を中心に、幾枚もある間隔を置き重なっております。このような物を二個組合せて一台の計器となります。+《プラス》性の一個に、極く微弱な或る電磁波を通します。すると相手の感応板に感ずる変化を捕えます。ここまでは理解出来ましょうが、このあとは波動の基本的な知識や、基地世界の諸法則を心得ておらないとわかりませんから、次の機会に致しましょう」

宇宙の叡智

指令塔にもどる

私はこの時ハッと気付きました。それは私は基地に来てからいろいろなことを教えられ、また見てきて、波動のことは随分いろいろと教えられてきて、大方は理解しているように思いこんでいたのでありましたが、その波動の基本的な知識すら知らない、なんにもわかっていない自分を発見したのでありました。それにもまして、基地の諸法則なんて全く知りません。それでいて基地の科学の、社会組織のと話すだけの資格があるだろうか、との想念が走った時、後のほうで声がしました。「ありてある姿そのままに」ああそうでありましたと、再び心にピカリとひらめくものがありました。「御親の教えぞ有難し、霊身《このみ》このままうくるなり」との想念が湧き上ってまいりました。守護霊様五井先生有難うございます、と御礼の言葉を心で繰り返しました。

その時青年が姿勢を正して私に告げてくれました。

「只今司令からの連絡がございました。基地内での見学も大略終ったと思われますので、再び指令塔に帰って、司令と共に食事をするようにとのことでございますので、これで一応この処の見学を打ち切って、指令塔へと帰りたいと思います」

「ここからは基地の最高部に出られないものでしょうか？　最高部の円盤の着陸場へ出て見たいと思いますが？」

「指令塔に帰る道はいろいろありますが、一番上まで昇って帰るのも大して時間がかかりませんから、その順序で帰りましょう」

材料室を出た私たちは、廊下を二、三分歩くうちに、エスカレータのある処までゆきました。エスカレータで次の階に昇りますと、青年は各室の説明をしてくれました。波動の調整室や分離や、再生、補強、等また観測や通信等。また円盤到着場の真下には基地十二区分の内の六区分の統御室がありました。

地下の基地よりの階段を昇り、円盤到着場に出て出口に向った時、私の頭がフラフラとするような感じを受けましたが、これも一時の出来事で、外気にふれて見ますと、いい知れぬ親しさが感じられます。

三人が自走機に乗って稜線を下る時は、全く表現のしようもない嬉しさがこみ上げてきます。私の心は再び指令塔に飛んでおりました。

私たちの乗った自走機は間もなく指令塔の昇降機のある処まで来ました。宇宙人たちの出入が相変らず多いようであります。自走機を降りて昇降機に乗り換えました。青年、M氏と私の順序で乗り終ると、扉が閉り物凄いスピードで昇ってゆきます。止った処は最高部の司令がおられる室へ出る廊下であります。指令塔上の廊下に出ました私たちは、今迄の軽い疲労感が全く一遍に吹き飛ばされてしまいました。天空高くそびえる指令塔上で吸う空気になんともいうことの出来ない軽快さを感じます。

司令室の前の扉の上の記号指令灯は相変らず美しいものです。チラリと見ただけでいつの間にか扉が閉じておりました。青年が真先に歩いてゆきました。M氏や私も後におくれじとついてゆきます。長身痩躯の司令は濃紺色の宇宙服で、何かを丹念に見ておられる様子でありました。私たちが近づこうとすると、素早く頭を上げて微笑されました。先に青年に言葉をかけられました。

「ご苦労さまでした。見学の途中でありましたがお客様が待っていらっしゃるので、あまり長くお待たせしてはお気の毒と思われたので、残念でしょうが帰っていただいたのです」

次にM氏へ

「大変お骨折り下さって有難うございます。円盤の機長さんがお迎えに来て下さったので……さあさあお掛け下さい」

地球人類は長い夢を見ている

私は思わず衿を正し、御礼の言葉を口に出してしまいました。

「人工基地の建設中の処を拝見させていただきましたが、私たちの想像だに及ばないことがあまりにも多いので、目が廻るようなあわただしさを感じました。私はこれでよいのだろうかと思います。なぜ、どこがといわれても即答は出来ませんが、地球上の科学と基地の科学の差はあまりに開き過ぎていて、高嶺の花のように手が届かないような気が致します。いいえ現在でもとても届きそうではありません。それは水中の動物が陸上のことを知らないのと同じように、私たち地球人は月の世界の真実の姿を知らな過ぎます。極暑と寒冷が甚しく、植物や動物等が全く生存の出来ない荒地のような世界、とより思っていないのが地球人類の大部分なのですからね。いつ理解される時が来るでありましょうか。考えてみますと、地球人類は永い永い夢を見続けてきたような気が致しますが、この点につき司令様のご意見を拝聴致したいと思います」

「あなたがお驚きになられるのも無理からぬことと思います。が、それはもう過ぎ去りました。この基地の科学が徐々に地球上に移行してゆく時なのです。現在すでに早いものは移りつつあります。大変のことのように見えますが、それは地球人の頭と手で否、その力で行われるものでなく、神様の御心が動く時、知らず知らずの内に天命を持った人々の手で徐々に築かれてゆくことでありましょう」

その時、司令の机の上に置かれている小箱のような器具（それはさきに基地の材料倉庫内にあった管理人と呼ばれている器具で、これにはいろいろな機種や型式の変ったものがあって、多くの人々はこの管理人の力をみな借りています、と説明してくれた青年の言葉を思い浮かべました）が盛んに司令を呼んでおります。信号灯が点滅を繰り返すのと、地球上でのオシロスコープのような小型の波形が見受けられます。その波形を見ておりますと、誰かが話されている言葉の如く思えてならないのです。その時司令はちょっと言葉を切って、これに答えておられるようでありました。私はその時、機長さんが別の室でお待ちしておられるので、機長さんとテレパシーでお話ししておられるのではないかと感じました。それと同時に司令はこの基地で大勢の人々の働いている各部署よりの連絡そして指令等で、全く寸暇も惜しんで働き続けておられる様子であります。この宇宙人たちは何が楽しみに、毎日かくも一心不乱に働き続けられるのであろうか、その想念が走りましたが、それも一瞬にして消えてしまいました。

なつかしき機長婦人

「お客さんを待たせてありますので、皆さんと共に下の応接間に行きましょう」

といいながら司令は席を立たれました。私たちも同時に席を立ち、司令を先頭に室を出ました。廊下を左に廻りますと直ぐに階段のある上下の通路に出ました。階層を一階だけ降りまして廊下に出ました。この階層は小会議室や連絡室、個室等に分れている室が大部分なのでありまして、幾つかの室の前を通ってゆき、ある室の前まで行きますと、馬蹄型をしたテーブルのような型に、幾つかの複輪をした丸い灯がついています。五つの複輪と一つの単灯で波動の底辺が浮かび出ています。数人を迎えるのに最も都合よくできている応接室のようであることを直感致しました。

「この室で円盤の機長さんにお待ち願ったのです」

といいながら、素早くボタンを押しますと、扉の開くのを待ち遠しとばかりに真先に司令が入られました。M氏に続いて私、青年が最後に室に入りますと、音もなく扉は閉りました。

「どうもお待たせ致しました。皆様が見えましたのでご案内してまいりました」

と司令はいいながら、席から立って迎えました機長に、またM氏や私たちに席に掛けるようすめ、自分から先に席に着きました。

私は思わず機長さんに話しかけました。大宇宙を航行する円盤から降りました私は、基地のいろいろな状態をみながら、自走機や空のタクシー、建設のための土木工事や人工基地等を見廻るうちに、私は帰省することをすっかり忘れてしまい、全く夢中になって新しい基地の天地の世界の中に入り浸っておったのでありました。そして人工基地内部の控室での休憩中、急に地球上の多くの人々のことが走馬灯の如く私の脳裡をかすめて通り過ぎたので、私はその時初めて遠くの基地に来ている自分を発見したのでありました。懐しさが潮の如くに押しよせてまいりました時、帰りは一体どうすることかしらんと、ちょっと不安が湧いてまいりました。でもM氏もついておってのことでもあり、必ず必ずよろしきように取計って下さるに相違ないと思いこめましたので、そうした不安は一瞬にして消え去りましたが、心の底では知らず知らずのうちに機長さんを探し求め続けて来たのでありました。どこかに迎えに来て下さるような気が致してならなかったのです。

私のこのような期待が思わず実現したのですから、私はハッと声をかけてしまったのです。懐しさが先に走ります。言葉以前の言葉で話しているのでありました。

「お迎えに来ていただいたのではないでしょうか?」

機長さんは微笑しつつ、労わりの瞳で私を見守りながら、

「そうですよ。もうすぐ帰れますよ」

「有難うございます」

と私はいったきり次の言葉が喉につかえて出ませんでした。

ちょっと丸味を帯びた顔、理智に輝く眼、打てばひびくというような波動を絶えず出され、透明の如くに見えるこの機長婦人のことを全く忘れて、次第に展開してゆく基地の姿の様々を、一心不乱になって追い続けて来て、今再び機長婦人に会って見ると、長い間会わなかったような気が致してならなかったのであります。それは何日、何ヶ月、何年にもなるのか、私の観念では計ることが出来得ないのであります。夢から醒めて今自分はどれだけ休んでいたのかと考えて見たとするならば、休んだ前後をつなぐ時計がなければ知ることは出来得ません。しかしそれはどこまでも機械的に、現在の波動の粗さに応じて計算されたに過ぎず、夢中に展開された時空を異にする世界での移り変りや働きや様々な事柄を、次元の違った時計で計って見ても致し方がない。五分、十分、あるいは一、二時間と計るだけで、夢の世界での深さその高さ等、また年月、時間等知ることは出来るものでありません。その世界での働きだけが、つまりその量が時間ともいえるでありましょう。その世界で働いただけが、その世界でのその人の時間であるのではないでしょうか。私の脳裡を一瞬にしてこのような想念が展開するのであります。

「私は機長さんと随分長い間お会いしなかったような気が致しますが、基地の時間ではどのくらいだったものでありましょうか？」

機長婦人の朗かな爆笑が室内のちょっと固くなった空気を一遍に吹き飛ばしてしまいました。キヨトンとしている私を見て笑いが止まらぬままに……

「それそれ到着したのは太陽が昇ったばかりの朝でしたでしょう。それからあなたは幾つ休まれましたか？　そうでしょ今は夕方です。そうするとどうなりますか、朝から夕方までとなりましょわかりましたでしょう！」

「やはりそうですか。今おっしゃった通りです。私は基地で半日より経過していないことを確かに知りました」

「でもあなたの場合には何年分にも相当するお仕事ですわね。そうですね司令さん」

と機長婦人は素早く司令に話題の中心を譲りました。

時間とは生命の働く量

「基地には基地の時間があることをご存知ですね。また時計をごらんになられましたですね。でもこの時間は基地の時間として、基地世界の構成上の基礎となっております。基地での共通する時間がなかったなら、基地の社会が成り立つものではありません。しかしこの時間もいわゆる基地での時間であって、時間の本質を表示しているものではありません。本質顕現への段階としてある仮定の基準であります。時間とはその働きの内容を表現出来るものでなければなりません。それであなたの基地での半日は、幾年にも相当することでありましょう。それだけ広く深く働かれたことを私たちはよく知っております。その世界の基準時間だけを見て、仕事の内容を計算推知することは誤りです。どこまでもその働きの内容を知ってこそ、初めて時間の本質の上に立って物事を視る、知る、計ることが出来るものと思われます」

「基地での半日は地球世界での何生分《なんじょう》にも相当することでありましょう」

「有難うございます。皆様のお骨折りで素晴しい基地を見せていただくことの出来ましたことを、地球の皆様と共に厚く御礼申上げます。基地世界の実状もできるだけ詳しく、機会ある毎に伝えたいと思います」

司令は私の言葉を受けて話し続けました。

記憶はいつまでも引き出せる

「私たちの基地での見学の様子を地球の人たちに伝えることは、あなたのお仕事の内の最も大きなものとなりましょう。絶えず機会を捕えて発表していただきたいのです。こうして短い時間の内に、基地のような進歩した社会構成の状態をごらんになられて、一遍に全部を理解されるというものでもありません。それは困難なことと思われますが、一度あなたの意識層に焼きつけられたものは、忘れたかの如く見えても決して消え去ったものでなく、必要な時には必ず必ず再現出来るものです。そうして表面のことだけでなく、その在り方の奥にあるいろいろな理論や実際の運用やその他について、知って置かねばならない事柄が大変に多いと思います。地球的に見ますならば、月の基地の百科辞典のようなものを土産に持ち帰りたいとお思いになるかも知れませんが、私たちの世界では尨大な辞典など必要ありません。一度心波に焼き付けて置けばいつでも見られるのです。それで、その顕れの真実の姿を知りたいと思われる時は、必ず必ず私たちを呼んでいただきたいのであります。呼べば必ず私たちがあなたの身辺にまでまいります。そしてあなたの疑問を、あなたの波動に合せて理解されやすいように教えますことを、是非知って置いていただきたいのです。それでこそ基地での半日が計ることの出来ない深い価値があるのです。ただ表面をスラスラと見ただけでは、お伽の国の夢物語と少しも変りませんが、これは必ず実現されてゆくものです。地球の人々が信ずるとか信じないとかにかかわらず、時間がたてば必ず素晴しい現実となって、皆の人々がこの五感でもって体知する時が来るのであります」

神と人とをつなぐ光の柱がたつ

「それはいつ頃となりましょうか?」

「およそ人々がこの世に生を受けてより、いろいろな段階を経て、この世に生まれて来た使命を果しつつあの世に帰り着くまで、つまり一生の間には様々な状態が展開されてゆきます。これらの移り変りと別に初めも終りもなく、そのままの姿で存在するものがあります。天地には終始なく、人生には生死があります。この終始なき天地、即ち大海原や大自然の山や川、三百六十五日一日たりとても照らすことを忘れたことのない日輪、春夏秋冬の四季を繰り返しながらいつに変らぬ月の姿は、人類の生死とは全く別の存在の如く終始なく現われてゆくでありましょう。幼くして見る月、少年青年の頃に見る月、壮年、老年になって見る月、月そのものにはなんら変りなく見られるけれども、月そのものの真の姿を見ているのでありません。それはその人々の心にうつる月、心にうつったものの顕れの仮の姿の月を見ているのです。真実の月の姿は、その人の心から迷いの雲が取り除かれた時、よく磨かれた鏡の如くに一点の曇りもなく照り輝く心に現われ、そして大神様の深いみ心が、光の一筋が、月となりまた人となり、太陽と輝き、峨々たる山、満々たる大海原となって、現われている真実の姿を見出した時、それは神と人とが一つになって光り輝いている時なのであります。

神と人とが一つに溶け合って光り輝いている所には、天と地を結ぶ光の柱が立ち、大神様の愛念が叡智がひとりでに湧き上り、真実の人間の姿が展開されてゆくものです。真実の人間の姿こそ地球の人々が見失ったものです。消え去る影を真実として、誤り続けて来たのが地球人類の在り方であったのです。でも心配することはない。大神様のお許しが出て、地球人類もこうした誤りから幾千年も続けて来た転倒した考えから解放される天の機が巡ってきたのであります。

それは、今地球の一角で起りつつある世界平和の運動であります。世界平和を念願されているのは地球を司る神々様の真実のみ心であり、大神様の愛念の現れであります。この神々様のみ心を我が心として一心に祈りを捧げる時、神と人が一つに溶け合って天地を貫く光の柱が立ちます。その中から、生死を超えた真実の人間の姿を次第に発見する人々が多くなってゆきます。こうした世界平和の祈りの場が次第に大きく展開されてゆく所に、救世の大光明が輝いて、進歩した星々や基地の科学が生まれてゆくものです。必ず必ず移行されてゆきます。

世界平和の祈りの場が大きく展開されてゆく、つまり各国、各地にこの祈りの場が広がります。民族や国境を越え、多くの民衆がこの運動に参加する時が必ずまいります。地球の天位の移り変りと併行して、地球人類の想念が全く想像だに出来得ないまでに変ってゆきます。月や金星での社会機構のように、一つの中心者、絶対者に統御された、争いなど全く見られない、平和な天地が開かれてゆきます。その世界では、現在の地球の人々が夢想だに出来得ない素晴しい科学が、その社会にどれだけ貢献することでありましょう。

老病貧苦、などという言葉は見当らなくなるでありましょう。生死とは人間の進化の段階として、春夏秋冬の衣更えの如く、肉の衣を脱ぎ捨ててその世界にふさわしき衣をまとうことの理を、真に理解することでありましょう。

このような地上天国が地球世界にも一日も早く実現することを、私たちの誰もが念願しないものはございません。それで世界平和の祈りの場には、私たちが参加して皆さまと共に働かしていただくのであります。地球の友よ、世界平和の祈りの同志よ。私たちを呼べば必ずその人の近くに在って見守ります。そして私たちの姿をはっきりと皆様の前に現わす時が必ず必ずまいります。そして地球の皆様と共に手を取って地球世界の昇華、地上天国の建設に精進しようではありませんか。このことを同志の皆様にくれぐれもお伝えしていただきたいのであります」

と話し続ける司令のお顔は、全く別人の如く輝くのでありました。

心波で飛ぶ円盤

私は司令のお話を聞いているうちに、円盤や母船は操縦する中心者、機長さんの心波によって自由自在に動くことを教えられたのでありますが、一体心波で大母船や円盤が目にも止まらぬ超高速で飛行するのを、どのようにして操縦するのであろうか、操縦桿を握られた機長さんの実際の航行体験をお聞き出来たら、と以前より考えておったのでありましたが、このことはいつでもお聞きしたいと思いながら、その場になるといつの間にか、こうした想念《おもい》が消え去っていることを知ったのであります。

そうしてその時、その場で必要なお話を聞き、また施設や機器の内容を教えられてきたのでありました。そうです。この機会に是非教えていただきたいと思いました。

その時、機長婦人が微笑しながら軽くうなづき、そして話し出されたのであります。

「円盤も母船も、金星や火星や水星のような星々のような大宇宙の流れの中にある一個の統御体です。大宇宙の流れ、これらを法則ともいえます。この大きな運行の中にあって、一なる中心より渦状に波動の拡大運動を続けるもののその一つの中心体を星と呼んでおります。月も地球もその内の一つであります。それで星々は一個の個体と見るより、一なる中心に向って、完全に統御されながら、大宇宙の流れの中で、天命のままに運行しているその姿はむしろ、一個の人間の姿と全くよく似ております。

一個の星にも幾億人もの宇宙人が住んでおります。そしていろいろな社会機構を構成しておりますが、これはいずれもその星の科学水準によって異なりますけれども、友愛と奉仕への信条は一つとして異なる処はなく、奉仕は一なる中心者に向って一糸乱れることなく、実に美しく完全に統御されています。この在り方を一個の人体と考えても誤りではありません。人体も幾億からの細胞が、助け合いながら脳中枢《すう》機関に統一されて、全体を一個として働いていますが、それは星々と全く共通しています。それで円盤や母船も例外ではございません。一個の人間と見て決して誤りではなく、円盤も一人の人体と同じであります。

頭脳となる処が機長となり、操縦桿を握る人の場となるのであります。これは考えて見て、決してむずかしいものでなく、誰もが理解出来ます。そこで先程申上げましたように、円盤は完全に統御された中心点から、渦状の波動を絶えず放射している一個の場でありますが、天体に散在する星々と異なる処は、一個の中心から放射する波動が変化自在であることです。無礙自在であることは、中心者の心によって思いのままに使い分けが出来るということです。

そこで、私たち波動の基本的な考え方を簡単に申上げますと、波動の種類は無限数に近い程ありますが、私たちの宇宙科学で未だに捕えられていない幾多の波動もあります。それは理念として理解していても、実際に捕えるまでに及ばないものもありますが、ここで地球上の科学者たちが捕えているものは、私たちのわかっている何万分の一にも当るような、極めて小さな範囲の一少部分であります。このような一部を見て全体を理解したかのような誤りを知らずに、自分たちの見解が正しいものと思い込んでいては、私たちや宇宙科学を理解することは出来ません。

波動が異なれば見えない

私たちが今いるこの指令塔上にも、無数の波動が交錯、または異波が同じ場の中でどれだけ多く同居しているかわかりません。このような多種多様の波動をどうして選別し、使い分けをしながら、必要な波動帯の中に円盤や母船を置くことが出来るのだろうか、という疑問は、申すまでもなくお持ちになられることでありましょう。

それには、第一にこのような多くの異なった波動帯があることで、その波動帯の一つ一つには、一個の天地、世界があるのです。こうした世界、天地が現存することを第一に堅く知ることであります。体知、幽知、神知へと段階を経て、知ってゆきます。そうしてその人が知っただけの世界を飛行することが出来るものです。心波によって自由自在に切替の出来ることは、操縦者の心をその波動に、波動の世界と同じ振幅にすることです。その世界に心を向けることです。決してむずかしい技術を要するわけのものでない。ハッと思えばその世界に円盤が在るのです。スピードを速くするか、遅くするかは全く想いのままになるものです。地球上には多くの円盤が絶えず絶えず飛び廻っておりますが、地球人には見ることは出来ません。でも速度を落してゆるやかに飛べば、誰の眼にも見えるものです。このようなことは、円盤を操縦する場合には全く訳ないことなのですが、地球人的な考えから見るならば大変なことでありましょう。

拳銃から発射された弾丸は、眼にも止まらない早さで飛びますが、見えないからといって弾丸を否定する人はいないでしょう。ここでちょっと申上げたいことは、速さと『速度』は、物体が移動する時の状態だけでなく、物体を構成している波のことも同時に含まれているということでありま す。ここに物体が在ると見ることは、観念でなく眼を通して実在を確認した時に、初めて『物』の意識が生まれるのです。眼を通しての実在は、どこ迄も眼が根本となりますが、眼ほど多くの段階を持っているものはございません。多くの地球人の眼は極く一部分しか見分けることが出来ません。これは心波の転換と密接不可分な関係を保っております。この話は別として、見えることは、波動の類似する或る範囲内のことだけです。それ以上に速くなると見ることが出来ません。見ることは波動の同調されたものより他は見られないので、発する波動のいかんによって見る範疇が定まります。これで、眼ほど多くの段階があることがおわかりと思います。出す波動に応じた眼があるのです。

その人の眼に停止していても、波動の範疇が異なれば、他の人には見ることが出来ません」

地球人に理解されるには?

「機長さんのお話はよくわかりますが、地球の多くの人々に理解されるでありましょうか。なかなかむずかしいのではないでしょうか。私にはそのような気が致してならないのです。理論として理解出来ても、実際に体得するにはどうしたらよいかという具体的な方法を教えて上げなければ、一片の理論として流れ去ってしまわないとも限りません。否地球の現状から見るならば、このような結果に終るのではないかと案じられます」

機長婦人は私の一言一句に一々うなづきながら

「そうですそうです。そのことはこれから申上げようと思っていたのですが、地球の人々は長い間習慣でこれから何かしようとすると、自分一人で意気張ってみたくなるものです。そうしないと仕事をしているような気がしないようです。こうしたことは力んだり意気張ったりして出来ません。地球人の手で力で、智恵で出来るものでもありません。私たちと同じ波動となった時、またこのような波動がかもし出される場から、その場の中で天命を帯びた人々の波動の中に溶け込んで最も自然に流れ出るものです。それはちょっと自分自身が、知らなかったことに気付いたかのように、忽然として浮かび上るのです。初めはそのようなことはないと否定しますが、否定し続けても後から後からと、ああそうなんだ、との想念が強く働き、次第に拡大され、いつの間にかそれが真実として動かすことの出来ないまでに、その人の顕在意識に深く結びついてしまいます。こうした考え方が基礎となって、また再び次の共通する理念に結びつき、次第に拡大充実されてゆきます。

これは或る一つのことが、宇宙人によって教えられてゆくものの内の一例でありますが、全部がこのような方法で教えられてゆくものではありませんけれども、一つの方法を具体的に申上げたまでに過ぎません。

それで機長の心波が働いた処に円盤は実在するものです。宇宙人の心のままに円盤は動くものです。円盤を動かすその心、人間の誰もが必ずたどりつき帰りつく、叡智の座と申上げるより外はございません」

「叡智の座とは高き深き覚《さと》りの世界と解釈してよろしいでしょうか?」

「個我や執着を消し切った姿、個我の波がそのままに、その場の中心波動に帰一し切った姿であり、水を得た魚の如くその世界を泳ぎ廻る姿でありましょう」

淳々として倦むことなく、説き続けられる機長婦人のお話を聞いていると「時と場」をすっかり忘れてしまっている自分に気付きました。

みんなと楽しい食事

ふとかたわらの信号灯を見ますと、次々と色の変化を示しているではありませんか。すると司令が機長婦人に向って話しかけられました。

「お食事の用意が出来ましたが、一緒に召し上りませんか?」

「司令様とご一緒ですか、光栄です。いただきます」

とまじめな顔付で襟を正された。あとから堪《こら》え切れないように爆笑が飛んで出ました。室にいた人たちは皆その爆笑の中に溶け込んでいるのでありました。

「では向うの室へまいりましょう」

と司令が先に室を出られました。機長婦人、青年、M氏、私の順序で廊下に出て右に廻り、ちょっと歩いたと思いますと、室の入口の処にまいりました。ちょっと入口の上の記号を見ますと、縦と横に十字に交叉された、橙黄色の中が円光に融合して中心が複輪となっています。その下に、かなり粗い波が三本の線で表示されています。このような記号をちょっと見ながら、私が室の中に入りますと、扉が音もなく閉ってしまいました。室は四米×八米ぐらいの長方形で、奥のほうが5米以上もあろうと思われる扇型に広まっております。なかなか豪華な室のようであります。中央に長方形の机が二脚あり、その廻りに椅子が並んでいます。飾り付きの棚、置き台等、かなりいいものばかりが備えつけてあるように思われます。両側の壁の処、中央の処に、左右共に、五十糎置きぐらいに五十糎角ぐらいの映像板が三個づつあります。天井には音調、伝播装置が入念に施されていることが直ぐ感じられます。右側に司令と青年、左側に機長と私とM氏の順序で席に着きました。テーブルは磨いた大理石のように美しく光っております。グリーンの中に美しい花模様が大小いろいろな状態で散りばめてあります。その花模様に見とれておりますと、花園の真上から見下しているかの如き錯覚に陥るのであります。私たちが席に着く前に、飲物や皿に盛った柔かくでき上ったホワイトライス、野菜料理や乾燥果実等が各席毎にすでに置かれてあります。司令のすすめられるままに皆が席に着きました。

私は司令と青年の中間で二人に向い合います。どこから室に入って来られたか、知らないうちに真白な服装をした若い女の人が二人見えられて、飲物や果物を運んでくれました。ブラウスは半袖のようであり、胸もとは開襟のようでありますが、ボタンやホックで留めているように見えませんでした。チャックでしめてあるようでもありません。薄羽二重のように実に軽そうに見受けられます。ビニールや紙製品のような組織でなく、私たちが日常使用している織物という感じであります。頭髪は首すじの処でカットしてあります。見るからに清々しい軽快さを感じさせます。十七、八歳ぐらいのようで一人はやや丸味を帯びた顔で、もう一人は面長な顔でありますが、とても美しい女性であります。

準備が終ると、司令はちょっとお祈りをすると共に低い声で「私たちに食事を与え下さった親神様に深く感謝を捧げると共に、わが生命すこやかにみ心のままに生かせ給え」わが生命すこやかにみ心のままに生かせ給えと、心の中で繰り返す内に深い統一に入りました。それは司令のお祈りの言葉と共に、私たちが統一に入った一瞬であります。「有難うございました」司令の結びの言葉で統一を解き、「いただきます」と各自が親神様に御礼の言葉をいって食事に入りました。

宇宙人たちとの食事は大変楽しいものになりました。食事は食欲を満たすだけでなく、その他にいろいろな意義があるようです。一同が食事を終えると、どこからともなく美しいメロデーが流れて来ました。

宇宙テレビで親星を観察

私は音痴なので、この素晴しい音楽を十分に受け取ることの出来なかったことが残念であります。私が神妙に音楽を聞いているのを見た司令は、私たちの真向いにある映像板にスイッチを入れられたようであります。

「食後の休憩時間を宇宙テレビで観察することにしましょう。円盤内でご覧になったかも知れませんが、宇宙テレビは、物体を近くでカメラが捕えたものを増幅して映像にするものでなく、ある振幅を持った特殊波動を放射して、その物体に当って返って来る波を分離、再生、増幅等の過程を経て映像化するもので、そのある振幅とは地球上の光波や電波の何千倍も速い微妙な振動数の波動であります。遠方の星の観察や、通信にはこのような波動を用いなければ、通信の交流はもとより、進化の正しき姿を捕え得ることが出来るでありましょうか。これから見えるものは、私達の太陽圏を支配している親太陽の状態であります」

宇宙テレビが捕えた一個の星は、かなり大きな映像板の中心に、豆粒大の一点として浮かび上ってまいります。見る見る内に大きくなってゆきます。大きくなるに従って親星を取巻く透明かの如く見える波動帯のあるのがわかります。幾重にも、星を中心として波動の幕がありますが、実に美しい薄い黄金色で光っているのが見受けられます。

宇宙テレビが捕える波動帯の実際を見て、全く驚いてしまいました。「特殊の波動を放射する」と司令がいわれたのはいったいどのような波動なのか。このぶんですと、私たち地球人が大宇宙に散在する星を見て、実在なりと決めている外に、多くの星々が在るのではないでしょうか？　地球的な波動の「顕現」「可視」には、一定の幅があり、その幅の中での現れの世界を見て、宇宙の実体かの如き錯誤を持ち続けてきたのではありますまいか。私の脳裡にこのような想念が一瞬にして過ぎ去ってきます。

すると司令が話し出されました。

「今、このテレビに映し出されている地球圏を司どる祭司星、つまり親は、地球上の科学では捕えることが出来ません。それで存在を知られておりませんけれども、このテレビでご覧になっているように、地球圏には密接不可分の関連を保ちながら、大宇宙の流れの中での重大なる役割を果しつつあるのです。この親星母星の移り変りによって、従属する子星圏の天位が変るものであります。それでこちらに来られてから、地球の天位が変り、地球人類の一大昇華する時機が来たことを教えられたことがおわかりと思いますが、この親星から放射する特殊の波動状態を、別のテレビで見てみましょう」

といわれたかと思うと、かたわらの映像板に映し出されたのは、前のテレビと同じ親星でありました。両方を見くらべて見た私は、

「同じ祭司星のようですね？」

「同じ祭司星ですが、波動の放射状態を見てみましょう」

天の窓

大宇宙にポッカリと浮ぶ、ボール大に見える一個の星から放射される波動帯は、星を中心に等しく真円に拡大されるものでなく、真円に拡大伝播の運動を起しても、或る一定の方向だけ特に濃厚な反復運動が起るのです。それは地球圏にある土星の如き輪環状の波動帯があるということです。その輪環の方向に特に強く拡大運動を持続してゆくようであります。私は宇宙テレビの映像に吸い込まれてしまいました。すると次第に別のものが現われてきました。中心とする星は変りませんが、ただ先程の輪はテレビの映像面では、星を中心に横に広がっていたのが、今度は縦に輪環状が見られます。またその内に斜にと幾重にも重復して放射される輪環状は、いったいどう考えてよいのだろうかと困惑してしまいました。

私の困惑を察知してか司令が説明してくれました。

「星々から発する波動の放射には、いろいろな種類と方法とがありますが、多くはその波動の持つ偏向性があるものです。その偏向性が最大公約的な交差の場を創ります。この場が輪環状に現われているのです。それで発する波動の異なっただけ輪環状があるのです。それに加え星の自転と公転によって起る輪環状の動きは、捕えられがたい複雑多岐に渉ることでありましょう。テレビをごらんになるとよくおわかりでしょう」

星を中心として幾つもの波動の帯が創られて、星の自転に伴って動いてゆく状態を映してゆきます。次第に重復してゆくと見分けがつかないまでになってゆきます。その時突然、星の一部のある一点から、十五度ぐらいの角度で直線に放射される波動が見受けられました。この波動はなんだろうか？　と思いました。

「祭司星が発する特殊波動の或る状態であります。この場合には直線放射となり、かなり強烈なものとなりますので、照射を受ける星では、星全体に受ける場合と必要な場だけに受けられるように、幾重にも包んでいる波動のカーテンに一つの窓を開けて、そこから必要部分のみに受ける場合とがあります。波動帯の窓と呼んでおります。波動の窓の開け閉めはどうするのか、とお思いになられましょうが、これはその星を司る神様によってなされるものでありまして、私たちの推知する範疇ではありません。

星を一個の人と見るならば、波動帯は着物法衣でありましょう。まとわれた法衣で、そのひびきで、その人柄がうかがわれるように、波動帯の色、波動でその星の天位がわかるものであります」

司令の説明はなおもつづきます。

地球は無数の中の一個の世界

「さきに機長婦人から波動帯の一つ一つには一個の天地、一つの世界が存在するというお話がありましたですね。『一個の天地』一個と申し上げますと、なんだか一定の枠の中にある一つの世界かのようにも受け取れますが、決してそんな狭い小さなものでなく、最もわかりやすく申上げますならば、地球上の世界も一個の天地であります。粗い波動が或る波動の放射を受けて構成されたものです。この天地の現れ方は、粗い波動が根底となっておりますので、それ以上のことはわかりません。今仮にこの世界の波動の基準となるものの一つを申上げて見ましょう。この世界の現れの中で、次の世界への境界線では光速は一秒間に三十万キロと定義されております。この光速よりも早いものがありますけれども、これを捕えることが出来ません。それで天体、宇宙を律するに光速が根本となり、距離や大きさが算定されております。それで遠方のある星を観察する時は、何億年か昔の在り方を見ているのであって、現在の在る正しい姿を見ているのではありません。何億年前はあのような素晴しい輝きを発していたのかも知れないが、今では天命を終えて消えているかもわかりません。このような不自然な状態では、進歩した星の仲間入りなど出来るものではありません。このように一個の天地には自ら基準となる波動の振幅によって天地の幅が定まっております。その幅の一つに光速があるように、地球の人には自分たちの土地以外の天地など全く無いものとばかり思いこんでいる人が大変多いようであります。でも地球上の一個の天地が空前絶後のものかの如く誤り考えられている処に、執着が起るのでありましょう。

大神様のみ心より地球世界に至るまで、無限数に近い程の各世界があるものです。その世界の一つ一つは地球世界と比較にならないほど広く高いものなのです。その粗い波動の中で、天命のままに各人の座で経験を重ねているのが、現在の地球人の在り方です。そうして長い間この階層、つまりこの世界での波動の渦中に陥りこんで、生死転生を繰り返して来たのでありました。

"宇宙時代"をうむ陣痛

そこでこの世界の多くの人々は、今テレビで見えているような地球世界の親星の在ることすら知りません。ましてこの世界の上にも、また下にもいろいろな世界の在ることを一部の人たち以外の人々は知りませんし、またそれを知ろうと致しません。このようなことをいつまで繰り返していても、地球世界の人々の多くは次の世界への昇華を望めません。それで大神様は地球世界を構成している基準波動を、自然のうちに変化させながら、徐々に次の高い次元への昇華をご計画されたのでありました。その一つの現れが、親星の移り変りによって起る地球の天体上の位置が一大昇格したことでありますが、これに伴いいろいろな変化が起ってゆきます。これは最も自然に行われるようにお計らいなられたものであって、直ちに変化が起れば、地球人類の三分の一は現在の姿を消してしまうことでありましょう。これでは地球世界のこの座で昇華をし続けて来た多くの人たちの救われとはなりません。

さきに申上げました如く、大神様のご計画の尨大にして精密さは、水も漏らさぬと申上げましょうか、全く人間知恵で計り知り得るものでございません。地球世界の科学は、今は急速に進歩してきております。重い波動の業生の世界での科学は、流れの大系は一個人を、または一個の集団を、一国家を、一国家群を背景として、それらの利害を根底に発達してきたもの、現在の姿は科学本来の姿を大きく逸脱しているのであります。大神様はこれらの業生をそのまま利用して、ついには逸脱の姿そのままで、本来の使命たる人類の本質への探究に立ち帰らせるものであります。それまでのテクニックには一定の枠があるわけでなく、実に自由自在です。伸縮自在というような表現で到底表わし得るようなものではありません。理念として知ったことでよろしいものでしょうね。

そうした地球科学の進歩に呼応するかの如く、ある時忽然として高い次元の宇宙科学が現われて、地球人類の想念が百八十度の転換を行います。その現れ方は忽然とでありますが、これは全く例えようのないものです。晴天霹靂のような驚きです。想念の混乱が起ります。地球人類がかってなき一大昇華を前にしての去就の困惑する時です。これはその人々が好むと好まざるとにかかわらず、一大怒涛の如く人々を差別なく皆一様に押し流してしまうことでありましょう。昔あったノアの箱船の如く、想念の怒涛に呑み込まれ、渦に巻き込まれてしまいます。

地球人類がかってなき大きな児を生み出す苦しみです。生まれる児が大きいだけ母親の陣痛も大きいものといえましょう。しかし苦しみは喜びに連なります。生まれた子を見ていると、母親の産むまでの苦しみもどこかへ消えて、希望と喜びが湧いてまいります。我が子の前途を偲ぶ時は、母親の瞳《ひとみ》は遠くその子の成長する世界を画いては、一段と輝いてまいりましょう。その子の名は、『宇宙時代』と名付けましょう。それからは宇宙子の揺籃時代となるのです」

ここまで一気に話して司令は、コップを口にして喉を潤し、やや間を置きました。私はすっかり司令のお話の中に溶けこんで一言一句が全身全霊に浸透してゆくのを感じます。固唾を呑んで次の言葉を待ったのであります。

苦しみに終止符が打たれる

「ノアの箱船は神に連なるものだけが救われ、多くの民衆は泥沼に呑まれてしまいました。これはあまりにも神様の慈愛の念願とは、程遠い結果となってしまったものであります。一部の善人だけが救われて、他は顧みられなかったとするならば、神のみ手が届かなかったともいえますが、そのようなことは絶対にありません。地球世界の大部分の人々が必ず必ず救われてゆくものです。ただ急速に変化、昇華してゆく波動想念が速いために、それらの波動、想念に温和・飽和・同調・調和へと自然の姿にかえるまでに時間と苦しみが伴います。でもそれは自分から発する波動と、地球人類の本流とが調和されない時はいつまでも続きます。だから人類の本流は他ならぬ一人一人の想念の集りが同調統合されて、大河の如く滔々と流れゆくものであって、個々の流れと決して別のものでないことを知る度毎に、昇華は一段と早められましょう。

地球世界三十七億の人々は、本来は一つなる神様の生命から分れ分れとなって現在に至っているものでありまして、国家や民族や階級に老若男女と別々な存在の如く見えておりますが、本質に溯れば皆が兄弟姉妹であったのです。その真実を忘れて、兄弟同士が闘争や殺戮を繰り返してきたのでありました。それが地球人類の踏んで来た悲しい歴史ではないでしょうか。神様の懐を出て一人歩きをして、誤って道を踏み外したためであります。だがもう地球人類の悲しい旅路も終着駅に近づいたのであります。終止符が打たれる時が来たからです。

神様が、現れの世界に執着し続けて来た地球人類を大きくお救しになった、兄弟同胞の救済への悲願とはいったいどんなものでありましょうか。さきに申上げました如く、人間の本質を探究してゆくと、個が全体に連なることを次第に理解されてゆくことでしょう。

人間本質の探究と祈り

一個の人、つまり個人は、本質的には絶対にあり得ないものであります。一個の孤立した人はありません。ただ神様が神様のみ心を顕現するためにお創りになったのが人間であって、人々の自由意思によって生まれて来たものはただの一人もおりません。神様のみ心が及んでこそ、初めて人として生まれて来たものでありましょう。でも神様のみ心の深さ広さは人間智では計り知ることは出来ません。人間を小さく枠にはめ込んで、きまった型の人ばかりをお創りになったとするならば、この顕現の世界は実に潤いの少い小善人ばかりの世界になり、かえって人類の進歩が遅れる結果となることをよく知っておられる神様は、人間一人一人に人類進化への根本理念から流れ来る天命を与えて、その役割を果すことの出来るようにご計画されたもので、その天命の中での大きな幅やまた自由が与えられているものです。こうして個人も全人類も神様のみ心の中では全く一つに溶け合って、一つの生き生きとして生き続ける輝ける白光体となって、太陽の如く永遠に照し続けているものであります。その光線の一筋一筋を理解しやすく申上げるならば、人類進化への根本理念といえます。その光線の一筋が人間の姿となって働き続けているのが、地球では三十七億の人類なのであります。こうした人間の真実の姿を忘れて、現れの姿のみが人間のすべての如く誤り見られている地球世界では、三十七億の人々が各人各様に分れて、神様のみ心の中で一つに溶け合って光り輝きながら、今なお働き続けていることを全く忘れ去ったのでありました。このことを呼び起し、知らしめることが一番大切であります。

地球人類が自らの手で創ってしまった執着によって起る生病老死の四大苦、苦悩の世界での沈淪転生より救済しようとされた手は、各人が分れ分れになっている想念を一つに帰一できるお祈りであります。世界人類の平和を心より願うお祈りであります。この世に生をうけ、生きとし生けるものは、いづれも皆平和をこいねがわぬものはありません。世界三十七億人類の誰一人たりとても、平和を願わない者はありません。いかにその所業が悪想念に満たされていようとも、心の奥で平和を願っていない者はありません。地球世界から闘争と憎悪と猜疑がなくなり、不安焦慮の想念から人類が解放されたとするならば、このような大きな救われが他にありましょうか。多くの人々がその国、その地で、今在る環境で、永遠に平和な生活が出来得ることを知ったとするならば、このような大きな喜びはまたとありません。

世界三十七億の人々の心を一つに集結出来ることとは、大神様のみ心である世界人類の平和を祈ることであります。大神様のみ心の中へと多くの人々の想念を立ち帰らしめる世界平和のお祈りをする時、初めは形の上では一部の人々であっても、もともと一個の場でありますす大神様のみ心の中では、地球世界の全人類に連なるものであります。大神様のみ心に連なる真の祈りは、人類の一人一人の心の奥にひびかぬわけがありません。

この祈りこそ地球の天位の変化に伴う、地球人類の一大昇華のために、特に大神様がお許しになった慈愛のみ手であります。この祈りは必ず全人類にひびきわたってゆきます。各神様のみ心の中では、すでに一つに溶け合っているものですが、形の上ではそこまで顕れておりません。しかしいつか必ず必ず地球世界にも進歩した星々の如く、平和な調和に満ち満ちた素晴しい世界が展開されます。これは人々がいかに力んで見ても出来るものでありません。大神様のご計画は必ず顕現されるものであることを固く信じて、各人を守り導き続けられる守護霊守護神にすべてをお委せして、世界平和を祈っていただきたい。

祈りは宇宙人活動の場

そして与えられたる各人の座で、今在る環境を通して、世界人類の平和を祈り続けられることが大切なこととなるのであります。仕事を通し家庭にあっても、いかなる不幸や病苦の中にあっても、世界平和をいつもお祈り出来る人は、業生の世界を超えて守護霊、守護神の波と同じ波動となるのです。その中でこそ宇宙人たちの活動が大きく展開されてゆくものです。進歩した星々の科学が、次第に地球世界にも移行することを固く信じて、世界平和のお祈りを続けられたいのであります。

そうした祈りの場には私たちが必ず必ず降りてきて必要な波動を放射します。否今迄続けてきたのでありました。或る一定時期が来ると、突然自己の発する波動を粗くして、地球の人々の肉眼でも見られるようになります。肉眼、肉声、肉耳で感知することが出来ます。それと同じうして円盤も各種の母船も姿を現わします。

何億年かたどって来た深い夢路から目ざめようとして、深い霧の中から真実のものが徐々に知らされてゆきます。この時ほど世界平和のお祈りの波動が、私たちの心と全く一つに溶け合って、大きく働く時はございません。地球人類の昇華はこうしたことを繰り返しながら、徐々に実を結んでゆくことでありましょう。

進歩した星々の如く、地球も一なる中心に完全に統御され、特に政治、経済は根底から変革されてゆきましょう。それに伴う社会機構は、新しく押立てられる社会通念の上に立ち、その星の科学水準に応じた制度が生まれましょう。でも人々は中心に向って奉仕することの喜びを十分に理解し、助け合い、赦し合い、愛と誠がかもし出す透明なまでに輝ける平和が誕生するのです。素晴しい平和な天地、それはすでに出来ているのです。神様のみ心の中では立派に出来ているのです。天の機が熟すれば、必ず必ず地上に現れるものであることを固く信じて、一人でも多く世界平和のお祈りの出来得るように、世界平和を祈っていただきたいのであります。このことを地球の皆様によくよくお伝え下さい。世界平和の祈りの場こそ私たちと皆様とが一つに溶け合います。そこから地球世界の真実の平和が創られてゆくことを繰り返し申上げ、同志の皆様の栄光を心よりお祈り致します」

話を終えた司令は、ちょっと瞑目しておられました。私たちに理解されやすいよう淳々として倦むことなく話し続けられる内に、私には再び司令のお話は聞かれないのではないかという気が致しました。

その時傍の信号灯が働き出しました。私はこの時ほど私たち同志の幸せを感じたことはありませんでした。そして五井先生の偉業のいかに深く広いものであるかということを、先生に連なる者の善因縁を、その喜びを感謝というような表現では到底十分に表わすことが出来ないまでに、深い感動にかられてゆくのであります。司令がお話を終えられた一瞬、懐しき五井先生の面影と同志の方々の一人一人が輝く光体となって、大中心に目も止まらぬ早さで統合されて、光輝が一段と増して、天と地を貫く光の柱となり、その柱に私は包まれながら司令の話を聞いているのでありました。

円盤にいよいよ帰る

「円盤が待っているようです」

機長婦人が静かにいいました。

私は溢れ落ちる涙をどうすることも出来ませんでした。

司令が立ち、それにならって一同が立ちました。司令は再会のことを話しませんでした。再び会って話すことがないかも知れぬと私には思えました。私は一言も御礼の言葉を述べませんでしたが、感激にふるえる私の心が司令に、司令の心が私にも、一瞬の間に電光の如く交わされてゆくのでありました。

司令は指令塔の下まで送ってくれました。私たちが自走機で基地中央の大到着場に向うのを、手を振って見送ってくれました。

待機巾の円盤へと帰路を急ぐ自走機の中では、機長婦人は一言も話さなかったが、向い合って乗っている私に、機長の心波が電光の如くにひびいてまいります。上級学校の入学試験場から出て来た我が子を、深い労りのまなざしで見守る母親のような温さが、どこからともなく湧き上り、いつとはなし私を包んでいるのでありました。

その時私はあの山上の円盤到着場で、機長婦人に別れてから、M氏の先導で山を降り、円盤の格納庫を見学し、そして原野を走り一大農園地区を通り抜け、ロータリーで空のタクシーのような小型機を乗り換えて、大土木工事の現場に到り、つぶさに工事現場を見学し、更に小型機で人工基地へと飛行して、指令塔上で人工基地の司令に会って、直接司令からいろいろと教えられ、尨大な人工基地の内部の機構やその内容についていろいろと教えられて来た、その一駒一駒が走馬灯の如くに私の脳裡を一瞬に通り抜けてゆくのであります。

そうです、私の意識層に焼き付いたフィルムが回転してゆく時に起る映像の、その一瞬、一瞬の一片をも見落しや見誤りもなく、機長婦人は透明なまでに澄み切った瞳《ひとみ》で読み取ってゆかれるのであります。私は試験場での問題と、その答案の一つ一つを細大漏らさず報告しているではありませんか。そして報告を終えた私はどのような点がいただけるものかと、はやる思いを押えながら心待ちに待っておりますと、やや間を置いて、厳然たる響で裁断が下されました。それはあまりにも上々の点ではありませんでしたが、初めての試みであったので致し方がありません。でも一生懸命真実を求め求めて来たひたすらなる精進だけは、私の得た唯一の光だと感じられました。

そして私は曲りなりにも、大任を果させて頂いた喜びが心の奥から湧き上ってまいります。天命のままに人事を尽し得た幸と喜びが、守護霊、守護神様、また直接指導していただいた宇宙人の皆様に対しいいようのない深い感謝が湧き上ってまいります。こうした想念の波の中に浸る時、スゥーと昇華してゆくのを感じます。ふと自分が消えてしまってゆくこの一瞬こそ、筆舌で説き表し難き永遠の謎であります。

「着きました、ご苦労様でした」

とM氏の声にあわてて自分に帰るのでありました。機長は何事もなかったかのようにニコニコと笑いながら一番先に自走機を降り、円盤の到着場のほうへと歩いてゆかれます。M氏と私は五、六歩後れて歩いてゆきます。ふと見上げると、空はどこまで続くか奥知れぬまでに澄み切って、地平線上に落ちようとする太陽が紅に燃えているかのように見えます。雲は見当りませんが、薄もやの如き天女の衣をしのばせる薄幕が大きく広がり、それが今しがたの紅に燃ゆる太陽に映えてピンクに輝く夕映であります。〝誰れ知らむ入日に映える夕空は神の御心かくぞあるらむ〟と私は心の奥で感じているのでありました。

地球に帰る

円盤から月基地を見渡す

私たちが階段を昇って待合所に入りますと、幾人もの宇宙人たちがおられました。次に来る円盤を待っておられるのでありましょう。私たちは休憩する間もなく、すぐに円盤に乗り込みました。後のほうで音もなく扉が閉るのを意識しながら、機長婦人やM氏の後におくれじと歩いてゆきました。機長は立ち止って、

「私はこれから操縦室にまいりますから、あちらの室の望遠鏡で今迄ご覧になった基地の様子を、空からもう一度ご覧になることは大変良い参考となります」

といってM氏のほうにちょっと会釈して階段を昇ってゆかれました。

その時、私は円盤内部が意識されて来ました。なつかしき中型機であります。あの尨大な母船を思えば、全く豆粒のように見える中型機でも、乗ってみるといい知れぬ親しさが湧いて来るものです。あまり広くない廊下を廻りながら、エレベーターにも乗らず、階段を降りて一番下の室に来ま

した。例の大望遠鏡のある部屋でありますか。彼のすすめるままに椅子に掛けながら、大レンズの表面を見ております。彼は機械の調節に余念がありません。その時パッと映し出されたのは月の全影でありました。私たちの乗っている円盤はすでに月の基地を離れているのを感じます。今度はいつ、どうして飛び立ったか感じられませんでした。

「この円盤はすでに飛んでいるのですね」

「私たちはこの円盤に到着する時間がややおくれたので、私たちが飛び去るまで滞空していた円盤があったのです。それを知っておられた機長さんは、出来るだけ急いで離陸されたのでありました。今は或る空間で停止しています。五万キロぐらいに当りましょう。基地を見るのに一番適当な距離でありましょう」

私はこの時、観察する物体に対する適当なる距離があるのはどうしたわけなのか、伸縮自在な方法で観察出来るものと思っていたのだが、という疑問が浮び上りました。

「円盤や母船には、いろいろな性能の異なったものが建造されております。それはその使途が異なるように、またその内容や性能においても大変な違いがあります。それでその目的に応じて性能を備えた機器類が設置されているものです。この中型機も遠距離飛行で、せいぜい私たち太陽系を司る親太陽圏までです。それより遠方へは飛べません。また空のタクシーのような基地から基地へと飛び石伝いに飛び廻るものや、遠距離にある星々を結ぶために創られた優れた性能を具備するものなど、外形はいずれも一見した処よく似ておりますが、その内容や性能においては天地程の違いがあるものです。それでその性能に比例した適当な距離がおのずから生まれるものであります」

といいながらM氏は一生懸命調節しています。月は次第に大きくなって、大レンズ一杯に広がったと思った瞬間消え去り、濃い緑地が一面に映り、地上の物体が見る見る内に大きく浮き上ってまいります。「アー人工基地か」と思わず私の口から漏れたのでありました。

空から見る人工基地は、実に美しいという表現が最も自然のようであります。それに続く土木工事場、私は一幅の名画を見ているような錯覚を覚えます。画面は次第に移動してゆきます。山岳や平野を越えると素晴しい大人工基地が目に入ります。平野と山岳の中間にある中央の指令塔はなく、中央に一大円盤の到着場が見受けられます。

七つの一級基地と白色円盤

「この尨大な基地はいったいどのような役割を果しているのでありましょうか?」

「月にはこうした七つの一級基地があります。これはその基地の一つであります。それで全体が七区分に分れております。区分内にある円盤や母船の大小の各基地は、いずれも親基地の統御下にあります。そして七つの基地を一ヶ所に掌握している中央統御基地があり、それに一切が集中されております。七つの基地は中央の出先機関のようなものです。中央には各種の最高機関があり、親星より来られた委員がおられ、その上にただ一人の統治者がおられます。それが月世界の社会機構の根幹となっております。

月世界も進歩した星々の世界から見るならば、全く幼児のような状態で、それが現在の成長過程です。それですから親星やその他の先輩星から絶えず指導者が来られるのです。そして絶えず私たちを啓発、指導して下さるのであります。いつかあなたがご覧になった光輝を発する円盤、透明なように見えて、まぶしいばかりの白光を放射します高級円盤、あれはこの七つの基地に在る中央到着場に着陸するのです。その時の光燿は月表面に起る謎の光輝として地球の人々にも知られていますす。この光輝は円盤の大小や種類によって輝き方が異なって来ます」

「私はあのような素晴しい円盤をかって見たことも、また教えられたりしたこともありませんでした。地に降りた太陽とは白色円盤のことでありましょう。私は近寄れず遠くから眺めていました」

「ああして進歩した星から絶えず指導者たちが来られるのであります。あの白色円盤の性能は私たちの遠く及ばない素晴しいものを持っております。それご覧なさい、地下都市と都市を結ぶ道路帯を。幾条もの自走路と二重三重に地下に在る大小道路が一本の太い帯のようになっているのです。表面は一本の溝のように見えるでしょう」

私は溝のように見えるものと、或る点までゆくと放射状に分散している以外は、人工地下都市が見出せなかったのであります。でも道路は幾何学的な進展から見ますと、人工であることが読み取れました。画面は次第に移動してゆきます。山岳地帯が続くと海に出ます。かなり峻厳な山々のようで、海岸線は切立ったようであります。美しい海なのに濃緑で底知れぬ深さを感じさせられて、ちょっと気味が悪いなーと思っていると、見る見る内に遠ざかってしまいました。私はまだまだ他の個所を見たいと思っていたので、残念に思いましたが、M氏は画面を修正しようとはしません。

休憩中にみた地球の危機と将来

「円盤は一直線に地球に向っております」

との彼の言葉で断念出来ました。彼は椅子を立ちました。

「応接室で休憩しましょう」

二人はゆるやかに歩きながら室を出ました。廊下の処でエレベーターに乗り、二階の応接室に着きました。ドアが開きました。この室は私を三度び迎えてくれました。この室の空気がなんともいいようのない懐しさでひびいてまいります。私は椅子まで歩くのがもどかしいとばかりに、安楽椅子にドッカと腰を降してしまいました。懐しき我家に帰り着いたかの如くに……あとは地球に帰り着くだけ……との想念が走ります。静かに統一します。知らず知らずの内に世界平和の祈りが湧き上ります。すると五井先生のおひげがそして次第に慈愛に満ちたお顔が……同志の皆様の姿が次第に大きく見出されて来ます。ふとこれらの姿は消えて、ある国の山々が展開されてゆきます。国境線をはさんで両軍が対峙しています。地球上の出来事でありましょう。相対する両軍はと見ますと、同じ皮膚の色をした同じ国の人々です。何故同じ国の人同士が戦わねばならないのでしょうか。上空から見ると両軍の背後には、他国から送られて来た軍需品が山積されています。着々と大戦争への準備が進められています。その後方には、両軍共恐ろしい大量殺戮の兵器が隠されているのが手に取る如くに見られます。なんと恐ろしき姿ではありませんか。私は思わず身震いを致しました。パッと消えて次が展開されます。これはどこの国でしょうか。熱い国のようであります。多くの人々が手に手に銃を持って、何事か大声で叫んでいます。永い間奴隷の如くに酷使された人々が、被征服の絆を断ち切った喜びも束の間、同胞を他国に売って相手と戦わねばならぬことを、大声をあげて叫んでいます。ふとその背後を見ますと、恐ろしい悪鬼が武器や弾薬を用意して、一生懸命に応援しているではありませんか。同じ国の人々同士が戦わねばならない、悲しき運命のもとに置かれた人々であります。また眼を転じますと、右も左も前も後にも、これらの国々がひしめき合っています。どの国もどの国も安らかな天地として、平和な世界を築いているものは見当りません。或る港に軍需品が山の如く積まれています。これだけでも何百万の人命をアッという間に奪うことでありましょう。この状態がまだまだ続きます。大きな街が展開されます。高き生活水準を物語る立派な街です。でもこの街からはいい知れぬ妖気が漂います。よく見ますと街は中央から二分されております。境界線を中に激しく対立しております。よくよく見るとこれも同じ同胞のようです。同じ国の人々がこのような激しい憎悪の想念を闘わしている世界なんて実際にあるのでしょうか。よくよく見ると、その背後に両軍共に物凄い大量殺戮の武器が控えています。その街からは名状し難き死臭が立ち昇ります。「死の街」となる運命がヒシヒシと身に感じられます。街の人何百万かは一瞬にしてこの世から姿を消すことでありましょう。あまり嫌なものばかり見せつけられて困惑してしまいます。もうこれ以上見たくありません。私は起き上ろうとしても体が自由になりません。今度は大きな地球がゆるやかに廻っております。ああ地球ですね、と思いました。緑の海や山に包まれているはずの地球は灰色をしています。生気が全く失せて死の街と同じ死臭が漂います。地球表面が各所で糜爛《びらん》され、そこからいい知れぬ死臭が流れます。各所に大きく糜爛された趾が見えます。このような惨事がまたとありましょうや。私は胸の詰るような苦しさで全身が覆われます。これが地球世界の滅びる姿ではないでしょうか。私はいい知れぬ深い悲しみと共に、深い深い奈落に転落してゆくのを感じました。

何分か何秒かわかりません……

「機長さんがお呼びのようであります」

かすかに遠くでする声でありました。私はその声で意識を取り戻しました。それは傍の椅子で、私を見守ってくれました彼の声でありました。その時私は彼のそばでよかったと思いました。

機長婦人初め二十数人の宇宙人に再会

「機長室へまいりましょう」

かたわらの信号灯がしきりに点滅を繰り返しております。彼が立ち上りました。私も後れじと急いで立ちましたが、頭の芯が少々痛く、のどが乾いて水がほしいと思いましたが、そのまま彼の後から機長室へと向いました。彼がボタンを押すと音もなく扉が開かれました。ア……機長婦人を中心に、男女の宇宙人たちが二十数人も見えているではありませんか。いつの間にこの円盤に乗っておられたのか私にはわかりません。彼のあとに私は従いました。私たちを見た宇宙人たちは一斉に席から立って、ニコニコと笑いながら迎えてくれました。どの宇宙人の眼にも深い労りと、思いやりが伺われます。私は機長婦人と対座しました。私の横にM氏が席に着きました。

機長にすすめられるままに席に着くなり私は、

「円盤はいつ地球に到着するのでありましょうか?」とききました。

「もう着いています」といいながらニコニコと笑っておられます。私は無意識に窓越しに外の景色を見ようと致しましたが、見られるはずがありません。物いいたげに笑っておられた機長婦人は、

「着陸地の上空で滞空しています。いつでもすぐ降りられます。お帰りになる前に皆様と食事を共にして、歓談の一時を過したいと考えましてお呼び致しました」

「機長さんの行き届いたお心尽し、誠に有難うございます。厚く御礼を申上げます」

「今度の月の基地を見学されたことについて、感じられたことはいろいろあろうと思いますが、一口にいってどのようなことがいえますか?」

「さあそうおっしゃられると、すぐにどう表現してよろしいやら困りますが、こういって適切かどうかわかりませんが、『けた外れの素晴しさ』『想像をはるかに超えた進歩した世界』『宇宙時代への窓』といえると思います。皆様のお骨折で、素晴しき世界を見せていただきましたことを厚く御礼申上げます」

そのうちにいろいろな食事が運ばれて来ましたが、私の心は重く、手放しでは喜ぶ気にはなれま

せんでした。地球世界の悲しき最後の亡ぶ姿を見せられ知ったからです。月の基地の様子や進歩した星々の姿を教えられ、その素晴しさに驚嘆の眼を見張るとともに、地球世界の現状を知る時、悲しさが先に走ります。不運な人々の上に神様の救いの手が差し延べられますように、心よりお祈りせずにはおられなくなりました。ああそうだ「世界平和の祈り」を思い浮かべました。

「食事をする前に皆様と共にお祈りを致しましょう」瞑目してお祈りに入りました。

その時……機長婦人が朗々と唱えた言葉は……いったいなんであったと思いますか？

「世界人類が平和でありますように」という祈り言は、全く私の全身全霊をふるい立たせずにはおきませんでした。私はこの時程私たちの幸せを感じたことはありませんでした。スーとそのまま昇華してゆくのを感じました……。「皆様ありがとうございました」との機長婦人の言葉でお祈りは解かれました。

私の眼は生き生きと生気を取り戻して輝くのを意識します。宇宙人たちも、このようにして地球世界の救済のために尽していただいていることを、身を以って知ったからです。

「どうかご遠慮なく召し上って下さいませ」

私はコップの中の飲物をいただきました。先程から喉が乾いていたからです。ジュースのような味がして喉の乾きがみたされてゆく時、有難いな、としみじみ感じました。このようにして、宇宙人たちの愛念が地球の人類に救済の手として差し延べられる時は、このような状態ではないだろうかという想いが、私の脳裡を一瞬にして通り抜けてゆきます。

私は何をいただいていたかわかりません。頭の中は地球世界を救う唯一の道、それは世界平和の祈りよりない、ということで一杯になっているではありませんか。前回は宇宙人たちと別れる時はいい知れぬ名残りが先に立ちましたが、今度は早く帰って世界平和の実践運動に参加したいと、地球の危機を多くの人々に知らしめたいとの想念が先に走ります。その時、機長婦人が私におききになりました。

人類救済の只一つの道

「先程応接室で統一中何かご覧になりましたか?」

「私は地球世界の悲しき滅亡の姿の様子を教えられまして、胸を締め付けられるような苦しさ悲しさがこみ上げてまいりました。あのようにして滅び去るのでありましょうか?」

「このまま放置しておけば、今ご覧になられた通りになるのが地球世界の宿命です。必ずこのような悲惨な最後の幕を閉じるのであります。地球三十七億の人口の大部分が亡びましょう。後に残された一部の人々も、多くの不具者と食糧の欠乏で、永い苦難の道をたどることでありましょう。でもただ一つの救われの道があるのです。それは地球人類を救済しようとして、神様がお許しになった唯一の方法です。それは世界人類の平和を全身全霊でもってお祈りすることです。このお祈りをする人が一人でも多くなってゆくことです。多くの人々がこの祈りをする時、すでに決まっている地球の運命も徐々に修正されてゆくものです。直ちに起る災害が逐次、次から次へと延ばされてゆき、延ばされてゆく内に再び三度び修正されてゆくものです。こうした祈りの場が次第に広まってゆく時、祈りの場から放射されてゆく人類救済の光が次第に増してゆく時、その中から私たちの働きが地球上の人々にもよくわかるように見られます。そして私たちの持つ叡智が次第に地球の多くの人々に理解されてゆきましょう。地球の科学、これは本筋を逸脱したものですが、やがて科学本来の使命たる神のみ心顕現への方便として、素晴しい力を発揮することでありましょう。地球の皆様が恐れられている地球科学は、私どもとして全くお話にならぬような幼稚な物です。人類を殺戮する科学の存在をいつまでも赦していて、地球世界が救われましょうか。私たち宇宙科学の一片でも知らされる時、なんの役にも立たなくなります。しかし大切なことはこのまま放置しておけば、今あなたがご覧になられたように滅亡への運命をたどるものです。今地球の上空には多くの円盤に乗って、宇宙人たちが来ております。その人たちの働きの場が一番大切であります。地球世界の平和を祈る場こそ私たちの働く場となるのです。世界平和を祈る人々は、私たちの同志です。この同志の人々と協力一体となってこそ、初めて地球世界の平和が打ち立てられるものであります。世界平和の祈りのグループの同志よ、皆様のお祈りによって、劫末の地球が救われてゆくことを如実に知る時が必ず必ずまいります。その時こそ各自の天命の偉大さを知る〝悟る〟ことでありましょう。その喜びと幸せは、三十七億の人類と共に在る高く昇華された自分を見出させることでありましょう。

今は一人でも多く、心より世界平和を祈る人々の協力を求めて止まないものであります。どうかこのことを同志の皆様にくれぐれもお伝え願いたい。あなたの月の基地の見学も、宇宙科学の一片を知ったことも、世界平和の祈りの同志に真実を知らしめて協力を求めようとしたことであります。あなた方世界平和の同志と私たちとが一体となって働く時、必ず必ず地球世界は救われることを固く信じて、世界平和の祈りに徹していただきたいのであります」

機長の一言一句が、私の魂の奥まで浸透してゆくのを感じます。私は溢れ落つる涙をどうすることも出来ませんでした。五井先生はじめ同志の皆様の面影が浮かんで来ます。私の五体に強い筋金が入れられたような力強さが湧き上ります。

聖ケ丘に着陸

「着きました」M氏の声のようであります。機長は席を立ちました。それと同時に宇宙人たちも皆一斉に立たれました。

「次は世界平和の祈りの会場でお目に掛ることでありましょう」

「それはいつ頃となりましょうか?」

「業生世界の終末は急迫しております。ですから近い内に必ずお目に掛れましょう」

私は機長さん初め皆様に厚く御礼を申上げて室を出ました。彼が相変らず私を送ってくれました。

私は早く皆様のもとへ帰りたいと思いました。円盤から外へ出ますと、地上の朝の冷気が気持よく頬をなでます。彼と二人並んで歩きました。私たちの後方には、雄大な中型円盤の雄姿が中空に浮かぶかの如く着陸しております。彼が立ち止りました。私はこの人には随分と厚いお世話になりました。いつまた会えるだろうかと思えて来ました。

「これでお別れします」

「この次はいつお会い出来ましょうか?」

「お許しがあれば機長さんと共にですね」

「必ず近い内に」……

彼は無言の内に強い確信を示してくれたので、私はたとえようのない嬉しさがこみ上げました。二、三歩いって私は振りかえりました。彼は一直線に円盤に帰ってゆかれます。扉の前で手を挙げて再会を約してくれました。扉が閉ったと思った時、円盤は動き始めました。左右にちょっとゆれたと思ったその時は、偉大な雄姿は地上から姿を消してしまいました。

暁の空高く、一点の光体となって飛び去りましたが、間もなく私の視界から消えてしまいました。

著者紹介：**村田正雄**（むらたまさお）
明治39年、滋賀県生まれ。㈱コロナ電機工業元社長。白光真宏会元副理事長。五井昌久先生の提唱した“祈りによる世界平和運動”に挺身し、多くの悩める人々を救った。1994年（平成6年）逝去。
著書に「私の霊界通信Ｉ～Ｖ」「空飛ぶ円盤と超科学」「七仙人の物語」「霊界にいった子供達１～２」「宇宙人と地球の未来」「苦界の救われ」がある。

発行所案内：**白光**（びゃっこう）とは純潔無礙なる澄み清まった光、人間の高い境地から発する光をいう。白光真宏会出版本部は、この白光を自己のものとして働く菩薩心そのものの人間を育てるための出版物を世に送ることをその使命としている。この使命達成の一助として月刊誌『白光』を発行している。

白光真宏会出版本部ホームページ
https://www.byakkopress.ne.jp/

白光真宏会ホームページ
https://www.byakko.or.jp/

空飛ぶ円盤と超科学

昭和四十九年六月二十日 初 版
平成十六年七月三十一日 十八版
令和五年九月三十日 改訂初版 一刷

著 者 村田正雄
発行者 吉川 譲
発行所 白光真宏会出版本部
〒418-0102 静岡県富士宮市人穴八一二-一
電 話 〇五四四（二九）五一〇九
FAX 〇五四四（二九）五一一二
振 替 〇〇一二〇・六・一五一三四八
印刷・製本 大日本印刷株式会社

乱丁・落丁はお取り替えいたします。 d2
定価はカバーに表示してあります。

ISBN978-4-89214-223-9 C0014